NATIONAL
GEOGRAPHIC
KiDS

猜你不知道

# 恐龙的
# 100个冷知识

赵亮/文

U0321035

天 地 出 版 社 | TIANDI PRESS

**图书在版编目（CIP）数据**

恐龙的 100 个冷知识 / 赵亮文 . -- 成都：天地出版社，2025.2

（猜你不知道）

ISBN 978-7-5455-8252-9

Ⅰ . ①恐… Ⅱ . ①赵… Ⅲ . ①恐龙 - 儿童读物 Ⅳ . ① Q915.864-49

中国国家版本馆 CIP 数据核字 (2024) 第 033745 号

CAI NI BU ZHIDAO · KONGLONG DE 100 GE LENG ZHISHI

# 猜你不知道·恐龙的 100 个冷知识

| | |
|---|---|
| 出 品 人 | 陈小雨　杨　政 |
| 监　制 | 陈　德 |
| 作　者 | 赵　亮 |
| 策划编辑 | 凌朝阳　何熙楠 |
| 责任编辑 | 何熙楠 |
| 责任校对 | 张月静 |
| 封面设计 | 田丽丹 |
| 内文排版 | 罗小玲 |
| 责任印制 | 高丽娟 |

出版发行　天地出版社

　　　　　（成都市锦江区三色路 238 号　邮政编码：610023）

　　　　　（北京市方庄芳群园 3 区 3 号　邮政编码：100078）

网　址　http://www.tiandiph.com

经　销　新华文轩出版传媒股份有限公司

印　刷　北京天宇万达印刷有限公司

版　次　2025 年 2 月第 1 版

印　次　2025 年 2 月第 1 次印刷

开　本　710mm×1000mm 1/16

印　张　13

字　数　274 千字

定　价　40.00 元

书　号　ISBN 978-7-5455-8252-9

**版权所有◆违者必究**

咨询电话：（028）86361282（总编室）

购书热线：（010）67693207（营销中心）

如有印装错误，请与本社联系调换

# 目录

三叠纪最大肉食恐龙——埃雷拉龙 / 002

最早尝试吃素的蜥脚亚目恐龙——始盗龙 / 004

以星座命名的南十字龙 / 006

被集体掩埋的腔骨龙 / 008

三叠纪最大恐龙——板龙 / 010

拥有三种牙齿的畸齿龙 / 012

拇指超大的大椎龙 / 014

唯一拥有完整骨架的恐龙——棱背龙 / 016

头上顶着字母"V"的双脊龙 / 018

被誉为"中华第一龙"的许氏禄丰龙 / 020

南极霸主——冰脊龙 / 022

剑龙家族的"鼻祖"——太白华阳龙 / 024

最早被命名的恐龙——斑龙 / 026

尾巴上"挂锤头"的李氏蜀龙 / 028

蜥脚类恐龙中的独行侠——巴山酋龙 / 030

和火箭炮扯上关系的约巴龙 / 032

曾被当成水生动物的鲸龙 / 034

用尾羽求偶的耀龙 / 036

侏罗纪的"东亚王"——上游永川龙 / 038

曾被当作腕龙的长颈巨龙 / 040

把始祖鸟拉下鸟类始祖宝座的晓廷龙 / 042

恐龙中的蝙蝠——奇翼龙 / 044

好斗的中华盗龙 / 046

最早的羽毛恐龙——赫氏近鸟龙 / 048

头颈部有很多空腔的将军庙单脊龙 / 050

戴红帽子的霸王龙远祖——五彩冠龙 / 052

用头顶凸起遮阳的异特龙 / 054

骨板也是刺的钉状龙 / 056

分段控制身体的剑龙 / 058

鼻孔靠近头顶的圆顶龙 / 060

能用尾巴"放炮"的雷龙 / 062

树上生活的恐龙——擅攀鸟龙 / 064

顶着鸟名的恐龙——始祖鸟 / 066

恐龙中的"长颈鹿"——马门溪龙 / 068

抬不起脖子的梁龙 / 070

体态像吊车的腕龙 / 072

侏罗纪的"肉食犀牛"——角鼻龙 / 074

吃不着鸟的嗜鸟龙 / 076

恐龙中的"四不像"——智利龙 / 078


唯一开荤的甲龙——奇异辽宁龙 / 080

恐龙时代的"骆驼"——昆卡猎龙 / 082

牙齿和嘴巴像鳄鱼的重爪龙 / 084

唯一有牙的似鸟龙——似鹈鹕龙 / 086

最早长羽毛的恐龙——中华龙鸟 / 088

经常和中华龙鸟混淆的中国鸟龙 / 090

第一种被发现细胞组织的恐龙——尾羽龙 / 092

最大的长羽毛的恐龙——华丽羽王龙 / 094

"手指"上长刺的禽龙 / 096

能在水底行走的沉龙 / 098

长 4 个翅膀的小盗龙 / 100

能两条腿奔跑的角龙——鹦鹉嘴龙 / 102

南半球最早发现的甲龙——敏迷龙 / 104

不断"变身"的棘龙 / 106

背着"空调"的豪勇龙 / 108

以迅猛龙之名"演电影"的恐爪龙 / 110

驰龙家族的"巨无霸"——犹他盗龙 / 112

脖子上长刺的巴加达龙 / 114

最高的恐龙——波塞东龙 / 116

和棘龙一样拥有高大背帆的高棘龙 / 118

展现恐龙睡姿的寐龙 / 120

头冠不明显的窃螺龙 / 122

南美霸主——南方巨兽龙 / 124

体形最大的恐龙——阿根廷龙 / 126

异特龙家族的余晖——西雅茨龙 / 128

恐龙时代的"鸵鸟"——巨盗龙 / 130

阿根廷龙杀手——玫瑰马普龙 / 132

喜欢低头的鲨齿龙 / 134

没有爪子的猎手——奥卡龙 / 136

会照顾宝宝的慈母龙 / 138

酷似"羊角恶魔"的恶魔角龙 / 140

顶着女妖之名的蛇发女怪龙 / 142

迷你霸王龙——矮暴龙 / 144

拥有"铁头功"的肿头龙 / 146

身披铠甲的**甲龙** / 148

"胳膊"比霸王龙还短的**玛君龙** / 150

没有角的**原角龙** / 152

享受"王"的待遇——**特暴龙** / 154

头部有"扩音器"的**副栉龙** / 156

"偷蛋贼"的二指亲戚——**三头鹰龙** / 158

"盾牌"上镶"裙边"的**美杜莎角龙** / 160

只能看到一个指头的**单爪龙** / 162

真正只有一个指头的**临河爪龙** / 164

曾被复原成独角兽的**青岛龙** / 166

名字霸气的素食者——**龙王龙** / 168

披铠甲的蜥脚类恐龙——**萨尔塔龙** / 170

白垩纪的"牛魔王"——**食肉牛龙** / 172

头盾上全是角的**戟龙** / 174

有着锋利巨爪的素食者——**镰刀龙** / 176

不能"平反"的**窃蛋龙** / 178

像鸟却和鸟不亲的**似鸵龙** / 180

和猎物埋在一起的**伶盗龙** / 182

爱吃鱼的**南方盗龙** / 184

恐龙中的"长臂猿"——**恐手龙** / 186

肩胛骨最大的恐龙——**无畏巨龙** / 188

跑不快的**似金翅鸟龙** / 190

拥有"头发帘"的**华丽角龙** / 192

最大肉食恐龙——**霸王龙** / 194

绰号"地狱鸡"的**安祖龙** / 196

野牛和犀牛的结合体——**三角龙** / 198

暴龙家族的大长脸——**虔州龙** / 200

在本册书中，你会看到拥有三种牙齿的畸齿龙、戴红帽子的霸王龙远祖——五彩冠龙、恐龙中的"长颈鹿"——马门溪龙、和棘龙一样拥有高大背帆的高棘龙、拥有"头发帘"的华丽角龙等恐龙，了解它们都有哪些生存本领。现在就一起去探寻"畸齿龙不同种类的牙齿都有什么用""霸王龙的远祖长什么样""高棘龙的背帆是干什么的"等问题的答案吧！

# 三叠纪最大肉食恐龙——埃雷拉龙

埃雷拉龙是最原始的恐龙之一，生活在

距今2.35亿~2.25亿年前的阿根廷，成年后体

长可达5米，体重180千克。这个体形在肉

食恐龙中只能算中等偏小，但在恐龙家族

刚刚兴起的三叠纪，却已经是无可争议的最大捕食者了。

埃雷拉龙的模式种为伊斯基瓜拉斯托埃雷拉龙，名字是不是看上去很复杂？其实，这个名字可以分成两部分：前面的"伊斯基瓜拉斯托"是种名（因为中文翻译的习惯是把种名放在前面），指代化石发现地；后面的"埃雷拉"是属名，是为了纪念发现化石的牧羊人埃雷拉。

光看体长，埃雷拉龙和很多中等体形的肉食恐龙相差无几，但体重却和老虎、狮子相仿。较轻的体重加上两条肌肉发达的后腿，让它们拥有了较快的奔跑速度。有研究者推测，埃雷拉龙的猎物除了那些小型的植食动物，可能还包括杂食性恐龙始盗龙。

# 最早尝试吃素的蜥脚亚目恐龙——始盗龙

从吃肉到吃素，蜥脚亚目恐龙改变了自己的食性，最初的尝试者是始盗龙。

始盗龙生活在距今2.31亿年前晚三叠世的阿根廷，体长约1米，体重5~7千克。始盗龙曾被认为是年代最早的恐龙，其拉丁文学名含义为"原始的盗贼蜥蜴"。

凭借后肢明显长于前肢和其他一些特征，始盗龙一度被归入肉食恐龙所在的兽脚亚目，但2016年布氏盗龙的发现却改变了这个分类。古生物学家通过对比发现，始盗龙和布氏盗龙的相似之处要多于它们和兽脚类恐龙的相似之处。更为奇怪的是，和满口尖牙却属于蜥脚亚目的布氏盗龙相比，被认为是兽脚类恐龙的始盗龙嘴巴里反倒有一些形状像树叶、咬合面比较平、适合吃植物的牙齿。出于这些原因，始盗龙成为蜥脚亚目的一员。

　　古生物学家推测，因为生存竞争的压力，蜥脚亚目恐龙逐渐由吃肉改为吃素。而处于转换期的就是始盗龙，它们用那些尖锐的牙齿捕捉小型猎物，用较为扁平的牙齿吃柔软的植物。

# 以星座命名的南十字龙

南十字龙生活在距今2.25亿年前晚三叠世时期的巴西，体长2米，体重20~30千克，是一种小型的兽脚类恐龙。它们口中长有锋利的向后弯曲的锯齿状牙齿，主要以小型动物为食，有时也会组团攻击比自己大的植食恐龙。

南十字龙的拉丁文学名含义为"南十字的蜥蜴"。名字里出现的"南十字"是指南半球才能看见的"南十字星座"。南十字龙的化石发现于1970年，当时南半球的恐龙化石屈指可数，再加上发现国巴西的国旗上有南十字星座的图案，为了纪念这次难得的发现，美国古生物学家科

ěr bó tè jiù yǐ xīng zuò míng gěi huà shí mìng míng le
尔伯特就以星座名给化石命名了。

cóng huà shí lái kàn　　nán shí zì lóng bó zi xiū cháng　　yōng yǒu liǎng
从化石来看，南十字龙脖子修长，拥有两

tiáo xì cháng de hòu zhī　　néng kuài sù zhuī jī liè wù huò táo bì tiān dí
条细长的后肢，能快速追击猎物或逃避天敌，

ér　　　lí mǐ cháng de wěi ba zé yǒu zhù yú zài gāo sù bēn pǎo shí bǎo chí
而80厘米长的尾巴则有助于在高速奔跑时保持

shēn tǐ píng héng
身体平衡。

# 被集体掩埋的腔骨龙

腔骨龙是生活在 2.16 亿～2.03 亿年前，晚三叠世的小型兽脚类恐龙，体长约 3 米，体重约 20 千克，以小动物为食。腔骨龙由美国著名古生物学家柯普发现并命名，关于它们的研究还有一段小插曲。

1947 年，古生物学家在美国新墨西哥州名为幽灵牧场的峡谷内挖掘出大量腔骨龙化石，并在一些较大的化石内发现了看上去被咀嚼过的骸骨。

受制于当时的研究条件，研究者无法确认那些被咀嚼过的骸骨化石属于哪种动物，就根据这些恐龙化石相互堆叠，看上去像因为遭遇某

种灾难而集体死亡的表象做了个大胆推测：这
些腔骨龙可能突遭灭顶之灾，一些成年恐龙为
了自保吃掉了年幼的同伴。

　　腔骨龙就这样背上了残杀同类的罪名，直
到半个多世纪后的21世纪初，较为先进的研究设
备和方法的介入，才使古生物学家确认了那些被
咀嚼过的骸骨化石属于"黄昏鳄"（一种已经灭
绝的小型爬行动物），而并非幼年腔骨龙。

# 三叠纪最大恐龙——板龙

与侏罗纪和白垩纪相比，三叠纪的恐龙不仅数量少，体形也相对较小。体长仅10米，体重只有4吨的板龙已经是当时陆地动物的体形极限了。

板龙生活在距今2.16亿~1.99亿年前的晚三叠世，拉丁文学名含义为"板状的蜥蜴"，是研究者根据它们末端扁平、像板子一样的牙齿起的。板龙牙齿扁平，也就意味着它们是不折不扣的植食恐龙。

板龙属于蜥臀目中的原蜥脚类，较短的前肢上有5个指头，除退化的小拇指和无名指（第五指和第四指），其余3个指头末端都长有锋利的爪子，可以用来反击捕食恐龙的攻

击。不过，这些武器大多数时候只是虚张声
势，它们主要的防御手段还是群居，靠集体来
获得安全保障。

　　板龙的化石发现于德国、法国、瑞士境内。
当时这些地区的植被稀疏，为了满足庞大身躯
的能量需求，它们不得不经常迁徙。

011

# 拥有三种牙齿的畸齿龙

yōng yǒu sān zhǒng yá chǐ de jī chǐ lóng

rú jīn de yì xiē shí cǎo dòng wù　　　bǐ rú bān mǎ　　hé mǎ
如今的一些食草动物，比如斑马、河马、

zhāng děng　　kǒu zhōng chú le jiào wéi biǎn píng　　yòng lái mó suì zhí wù de yá
獐等，口中除了较为扁平、用来磨碎植物的牙

chǐ　　hái huì bǎo liú fēng lì　de quǎn chǐ　　kǒng lóng jiā zú zhōng de jī chǐ
齿，还会保留锋利的犬齿。恐龙家族中的畸齿

lóng tóng yàng yōng yǒu bù tóng yàng shì de yá chǐ
龙同样拥有不同样式的牙齿。

jī chǐ lóng shēng huó zài zǎo zhū luó shì de fēi zhōu nán bù　　　shì yì
畸齿龙生活在早侏罗世的非洲南部，是一

种体长只有1.2米，高度只有0.3米，体重只有10千克的小型鸟臀目恐龙。虽然畸齿龙的形象跟人们传统印象里恐龙应有的高大威猛相去甚远，但它们牙齿的类型却是最多的。

大多数恐龙的口中都是同型齿，也就是牙齿看上去都是一个形态，而畸齿龙的口中却是门齿、犬齿、臼齿俱全，这些牙齿中大部分是臼齿，门齿和犬齿一共6颗，门齿只长在上颌部位，犬齿则是上下颌各一对。因为拥有不同类型的牙齿，畸齿龙也叫异齿龙。

根据这些牙齿的分布，古生物学家推测畸齿龙进食的时候，会先用门齿把枝叶从树或蕨类植物上撕扯下来，然后用臼齿咀嚼。犬齿则主要是用来自卫和打斗的武器，也可能在因干旱造成植物性食物短缺时捕捉小型动物使用。

# mǔ zhǐ chāo dà de 大椎龙
拇指超大的大椎龙

dà zhuī lóng yě jiào jù zhuī lóng　　shì shēng huó zài zǎo zhū luó shì
大椎龙也叫巨椎龙，是生活在早侏罗世

de zhí shí kǒng lóng　　zuì zǎo de huà shí yú　　　　nián　　yóu yīng guó
的植食恐龙。最早的化石于1854年，由英国

zhù míng gǔ shēng wù xué jiā　　　　kǒng lóng　　yì cí de fā míng zhě lǐ
著名古生物学家、"恐龙"一词的发明者理

查德·欧文在南非发现，是非洲大陆最早发现的恐龙。

大椎龙拉丁文学名含义为"拥有巨大脊椎的蜥蜴"，脊椎大一般意味着身躯长，但大椎龙体长只有4~5米，在恐龙中并不算大。

在生物分类中，大椎龙属于原蜥脚类，只有135千克的体重使得它们可以轻松直立起前半身，只用两条后腿站立。大椎龙最突出的地方是拇指，不仅尺寸比其他4个指头大，上面还有弯钩状的锋利爪子，除了用来自卫防身，还可以跟第二指以及第三指协同配合，抓握树枝，甚至捡起掉在地上的叶子（类似人捏东西）。大椎龙也会吞吃石块，通过石块的摩擦把枝叶弄碎，以便更好地消化吸收。

# 唯一拥有完整骨架的恐龙——棱背龙

因为年代久远，恐龙的化石几乎全都是不完整的，通常来说，一具恐龙遗骸能留存下来30%~40%的骨骼就已经很不错了。为了更好地复原恐龙的样貌，科研人员必须从同种类的其他恐龙，甚至与之相似的恐龙标本上找到该遗骸的缺失部分，然后进行拼接。也就是说，我们看到的恐龙骨架基本都不是原装的，但棱背龙却是个例外。

这具完整的棱背龙骨架发现于1859年，是历史上发现的第二个棱背龙标本，保存在英国伦敦自然历史博物馆内，是迄今为止唯一一具完整的单体恐龙骨架，由理查德·欧文命名。

　　棱背龙也叫腿龙、肢龙、踝龙，生活在早侏
罗世的英国南部，是较为原始的鸟臀目恐龙。

　　棱背龙体长3～4米，拥有小小的脑袋和短粗
的四肢，包括头在内的大部分身体区域覆盖在坚
硬的骨板下，骨板和腹部还有鳞片。因为这层铠
甲，古生物学家认为它们是甲龙的祖先。

# 头上顶着字母"V"的双脊龙

双脊龙是早侏罗世的兽脚类恐龙，生活在距今1.97亿～1.83亿年前的北美地区，拉丁文学名含义为"拥有一对头冠的蜥蜴"，因头顶上的两个冠饰而得名。双脊龙的头冠合在一起呈V字形，由很薄的类似脆骨的组织构成。

就像公鸡的冠子比母鸡的更大一样，雄性双脊龙的头冠也比雌性的更大、更鲜艳。有研究者认为，在求偶期，雄性双脊龙会通过比拼头冠大小来赢得异性的芳心。

成年后的双脊龙体长约6米，体重约500千克。两个前肢上共有6个锋利的弯曲爪子和满嘴锋利的牙齿，显示它们是不折不扣的捕食者。

wèi le bǔ huò gèng duō de liè wù  shuāng jǐ lóng xǐ huan zài shuǐ biān
为了捕获更多的猎物，双脊龙喜欢在水边

dāi zhe  jiè zhe zhōu biān zhí wù de yǎn hù  tōu xí qián lái hē shuǐ de zhí
待着，借着周边植物的掩护，偷袭前来喝水的植

shí kǒng lóng  yǒu shí yě huì xià shuǐ zhuā yú
食恐龙，有时也会下水抓鱼。

# 被誉为"中华第一龙"的许氏禄丰龙

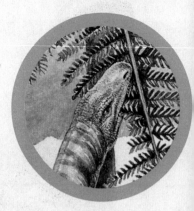

许氏禄丰龙是我国古生物研究泰斗杨钟健于1941年命名的，其拉丁文学名的属名部分指代化石发现地"禄丰"，种名"许氏"则是为了致敬德国著名古生物学家、杨钟健的导师许奈。

因为是第一种由中国学者自行发现、研究、命名的恐龙，许氏禄丰龙也被誉为"中华第一龙"，其生存年代为距今大约1.9亿年前的早侏罗世，体长6米，小脑袋、大身躯、脖子和尾巴较长，总体形态有点儿像我们熟悉的雷龙、腕龙、马门溪龙等蜥脚类恐龙，但前肢却明显比后肢细短。基于这个特征，许氏禄丰龙被归入原蜥脚类。

因为前肢细且短，许氏禄丰龙并不像蜥脚类恐龙那样总是四足着地，其大部分时间只有两条腿支撑身体，腾出来的"手臂"则用来进食和自卫。它们的前肢上长有锋利的爪子，不仅可以在进食时抓住树枝，还能在面对捕食恐龙时当作武器防身。

南极霸主——冰脊龙
nán jí bà zhǔ ——  bīng jǐ lóng

　　沧海桑田，地球经过数亿年演化，很多地
cāng hǎi sāng tián，dì qiú jīng guò shù yì nián yǎn huà，hěn duō dì

方的环境都发生了翻天覆地的变化。如今冰
fang de huán jìng dōu fā shēng le fān tiān fù dì de biàn huà。rú jīn bīng

天雪地的南极在中生代温暖湿润，有着大片
tiān xuě dì de nán jí zài zhōng shēng dài wēn nuǎn shī rùn，yǒu zhe dà piàn

的森林，森林的统治者是冰脊龙。
de sēn lín，sēn lín de tǒng zhì zhě shì bīng jǐ lóng。

　　冰脊龙生活在距今1.85亿年前的早侏罗
bīng jǐ lóng shēng huó zài jù jīn 1.85 yì nián qián de zǎo zhū luó

世，体长约6.5米，体重500千克左右，是南
shì，tǐ cháng yuē 6.5 mǐ，tǐ zhòng 500 qiān kè zuǒ yòu，shì nán

022

极地区迄今为止发现的体形最大的兽脚类恐龙。冰脊龙拉丁文学名的含义为"冰冻脊的蜥蜴",其中的"冰冻"指的是化石发现于冰川之上,"脊"则是指冰脊龙头上的冠饰。

冰脊龙的两个眼睛上方,分别长有一个又小又薄的冠饰,上面布满了波浪形的皱纹。冰脊龙有个特殊的地方是冠饰的生长方向,大多数头上有冠的恐龙冠饰都是竖着长的(就像鸡冠子),而冰脊龙的冠饰则是横着并排长在头顶,从正面看像放了块挡板。

地质研究显示,当时的南极洲还和大洋洲、非洲、南美洲连在一起,位置也比今天靠北 1000 千米,因此气候更加温暖,拥有大量的植被,养活了植食恐龙冰河龙,而它们则是冰脊龙食谱中的主菜。

# 剑龙家族的"鼻祖"——太白华阳龙

jiàn lóng jiā zú de "bí zǔ" — tài bái huá yáng lóng

自然界中猎手和猎物的竞争始终存在，肉食恐龙为提高捕猎效率，演化出越来越锋利的爪子和牙齿；它们的对手植食恐龙也通过各种方式提高防护级别，有的选择增大体形，有的选择加快奔跑速度，还有的选择"武装自己"。

太白华阳龙就是最早穿上"铠甲"的恐龙。

太白华阳龙生活在距今1.65亿年前的中侏罗世，地点是中国的四川盆地；体长4.5米，体重1吨；名字中的"华阳龙"三个字在生物学命名规则下为属名，意思是来自"华阳地区的蜥蜴"，指代化石的发现地点；"太白"是种名，意在致敬我国历史上的大诗人李白（字太白）。

太白华阳龙最明显的外在特征莫过于身上的骨板和骨刺了：骨板沿后背正中两两对应排列，从头部后方一直延伸到臀部附近，共16对32块；肩膀和尾巴上还分别长有2根和4根锋利的骨刺。根据这些骨板和骨刺，以及大身体、小脑袋、短粗腿等外在特征，古生物学家将太白华阳龙归入了剑龙类。它们也是目前发现的生存年代最早的剑龙类恐龙，算得上这个家族的老祖宗了。

# 最早被命名的恐龙——斑龙

zuì zǎo bèi mìng míng de kǒng lóng  bān lóng

duì yú fā xiàn de kǒng lóng huà shí　gǔ shēng wù xué jiā yào jìn xíng
对于发现的恐龙化石，古生物学家要进行

yán jiū　guī lèi　mìng míng děng gōng zuò　ér shì jiè shàng zuì zǎo bèi mìng
研究、归类、命名等工作，而世界上最早被命名的恐龙是斑龙。

斑龙别名巨齿龙或巨龙，生活在中侏罗世的英国，体长7~9米，体重约1.5吨，拉丁文学名含义为"巨大的蜥蜴"，由英国地质学家威廉·巴克兰于1824年命名。其实早在1678年，就已经有人在无意中发现了斑龙的化石，遗憾的是当时现代生物学研究尚未发端，人们对于不熟悉的事物总是喜欢往神话方面靠，这些化石也就被当成传说中的巨人或龙。

斑龙口中长满了弯曲，如匕首般锋利，且边缘带锯齿的牙齿，显然是吃肉的。斑龙也因此被归入肉食恐龙所在的蜥臀目兽脚亚目。

根据集中发现的脚印化石推测，斑龙很可能像今天的狮子一样成群生活，在捕食大型植食恐龙时，它们会组团展开攻击。

# wěi ba shàng "guà chuí tou" de
# 尾巴上"挂锤头"的
## lǐ shì shǔ lóng
## 李氏蜀龙

lǐ shì shǔ lóng shēng huó zài zhōng zhū luó shì de zhōng guó sì chuān
李氏蜀龙生活在中侏罗世的中国四川

shěng shì shǔ lóng dòng wù qún de dài biǎo xìng wù zhǒng tā men de huó dòng
省，是蜀龙动物群的代表性物种。它们的活动

fàn wéi jǐn xiàn yú sì chuān shěng míng zi zhōng de lǐ shì wéi zhǒng
范围仅限于四川省，名字中的"李氏"为种

名，是为了纪念大诗人李白。

李氏蜀龙体长在 9 ~ 12 米，体重约 3 吨，是中等偏小体形的蜥脚类恐龙，脖子长度在家族中也是比较短的，但四肢的长度按照身体比例来说是比较长的。

虽然是植食恐龙，但李氏蜀龙的口中却长满了刀子形状的牙齿，这样的牙齿虽然可以简单粗暴地把枝叶从树木或蕨类植物上撕扯下来，却不适合咀嚼这些纤维极丰富的食物。所以，李氏蜀龙通常都是囫囵吞枣地进食，把消化的任务交给胃，它们也因此长了个大肚腩。

李氏蜀龙的尾巴末端的骨头膨大，形成锤头的形状，锤头上还有两个 5 厘米左右的锥形凸起，可以用来挥击企图从它们的侧后方发动袭击的捕食恐龙。

# 蜥脚类恐龙中的独行侠——
# 巴山酋龙

大中型蜥脚类恐龙大多爱过集体生活，但巴山酋龙却是个另类。

和李氏蜀龙一样，巴山酋龙也生活在中侏罗世的中国四川省。巴山酋龙和李氏蜀龙是近亲，但体形比后者更大，成年后能长到15米长，7～10吨重。

巴山酋龙的脖子能抬到离地面较高的位置，上面顶着一个直径大约60厘米的脑袋，它们也因此被形象地称为"大头龙"。

巴山酋龙和李氏蜀龙共享栖息地，能做到和平共处主要是因为在食物选择上的差异。巴山酋龙的脖子较长，头抬得也比较高，可以吃到较高处的植物枝叶，可以把那些低矮的植被留给李氏蜀龙。

目前，发掘出的巴山酋龙化石都是单一的，没有若干头聚集在一起的情况。古生物学家由此推测，相比于其他大中型蜥脚类恐龙的群居习性，巴山酋龙更喜欢独来独往。

yǒu xiē wǔ qì zhuāng bèi huì yǐ dòng wù míng lái mìng míng bǐ rú zhù
有些武器装备会以动物名来命名，比如著

míng de xiǎng wěi shé dǎo dàn yǒu xiē shèn zhì huì yǐ gǔ shēng wù míng
名的"响尾蛇导弹"；有些甚至会以古生物名

032

来命名，比如以"约巴龙"来命名的阿联酋的约巴龙火箭炮。

约巴龙生活在中侏罗世的非洲尼日尔共和国，体重约16吨，高度可达10米。从出土的化石看，约巴龙脖子长，尾巴短，前肢长于后肢，身体呈前高后低的姿态，是一种较为原始的蜥脚类恐龙，名字中的"约巴"取自当地神话中的物种。

约巴龙的化石发现于撒哈拉沙漠内。古气候及古环境学研究显示，这片后来成为沙漠的地区在当时温暖湿润，拥有丰富的植被和水，为约巴龙的生存提供了充足的保障。约巴龙的化石经常和捕食恐龙非洲猎龙的化石一起出土，这表明它们很可能是后者的猎物。

# 曾被当成水生动物的鲸龙

蓝鲸是迄今为止地球上存在过的体形最大的动物，而远古的恐龙又通常给人以很大的印象。有一种恐龙就把两者的名字结合起来，这就是鲸龙。

鲸龙是中、晚侏罗世的恐龙，生活在距今1.81亿～1.69亿年前的非洲北部和英国。鲸龙体长14～18米，体重接近25吨，是一种大型的蜥脚类恐龙。

身为出现年代较早的蜥脚类恐龙，鲸龙有很多原始的特征，比如脊椎是实心的（腕龙等年代较晚的蜥脚类恐龙脊椎是空心的，有助于减轻重量）。这样的特征不仅让它们自身行动

迟缓，也给后来研究它们的古生物学家带来了
困惑，以至于最早的研究者把发现的化石当成
某种巨大的史前海洋爬行动物。由于史前海洋
爬行动物也叫某某龙（如沧龙、蛇颈龙），为
了凸显这种化石的大，及其生活在水中的特
点，就称之为鲸龙了。

# 用尾羽求偶的耀龙

如今的鸟类在求偶期，普遍会用鲜艳的羽毛吸引异性，发现于中国的耀龙化石显示，鸟类的这种行为很可能遗传自它们的祖先。

耀龙是中、晚侏罗世的恐龙，生活在距今1.68亿～1.52亿年前的中国内蒙古，体长25厘米左右（不算尾羽），体重约0.15千克。

耀龙来自由小型兽脚类恐龙组成的擅攀鸟龙科，是该科已知物种里体形最大的成员。耀龙口中向外突出的小尖牙显示它们很可能以昆虫等小型动物为食。耀龙前肢和指骨很长，特别是第三指，末端长有钩状的爪子，可用来掏躲在树洞深处的虫子。

耀龙最特别的地方要算是尾巴上的羽毛了。耀龙的尾巴较短，但尾巴后端有4根长度在20厘米左右的羽毛，是世界上发现的第一种长有如此结构尾羽的恐龙。由于尾羽看上去和雄性孔雀开屏时的尾羽很像，古生物学家推测这很可能是耀龙用来吸引异性的。

# 侏罗纪的"东亚王"—— 上游永川龙

上游永川龙是大型兽脚类恐龙，属于中棘龙科（也叫中华盗龙科），体长接近11米，体重可达4吨，是中侏罗世至晚侏罗世东亚地区最强悍的肉食恐龙之一。上游永川龙名字中的"永川"是属名，指化石发现的区域——中国重庆市永川地区；种名"上游"则是指化石发现于五间镇的上游水库。

　　和很多大型捕食恐龙一样，上游永川龙也有个大脑袋，长达1.1米。上游永川龙脸部的咬合肌非常发达，能在进食时提供强大的咬合力；大嘴中长有带锯齿的匕首形牙齿，可以刺穿大型植食恐龙的皮肤。上游永川龙的脑袋虽然大，分量却不重，这是因为它们头骨上有6个巨大的孔洞，可有效减轻头部的重量。

　　上游永川龙的前肢上长满了肌肉，在捕猎时可起到辅助作用，同样肌肉饱满且更长的后肢则是它们追击猎物的神器。

céng bèi dàng zuò wàn lóng de cháng jǐng jù lóng
# 曾被当作腕龙的长颈巨龙

cháng jǐng jù lóng shēng huó zài wǎn zhū luó shì de fēi zhōu dōng bù tǐ
长颈巨龙生活在晚侏罗世的非洲东部，体

cháng yuē mǐ tǐ zhòng yuē dūn míng zi hán yì wéi yōng yǒu
长约25米，体重约32吨，名字含义为"拥有长脖子的巨大蜥蜴"。

从复原图上看，长颈巨龙和更有名气的腕龙一样，拥有一个较为直立高挺的脖子，并且前肢长于后肢。因此，早期的研究者一度认为它们是腕龙的一种，并将其命名为"布氏腕龙"。

这种情况一直持续到2009年，有学者通过认真比对两种恐龙的总体和局部细节，发现所谓的布氏腕龙和腕龙，无论是体形还是骨骼的形态都有差别，其差异程度够得上分成不同属的标准，故将其更名为长颈巨龙，分类上也由腕龙科腕龙属改为腕龙科长颈巨龙属。

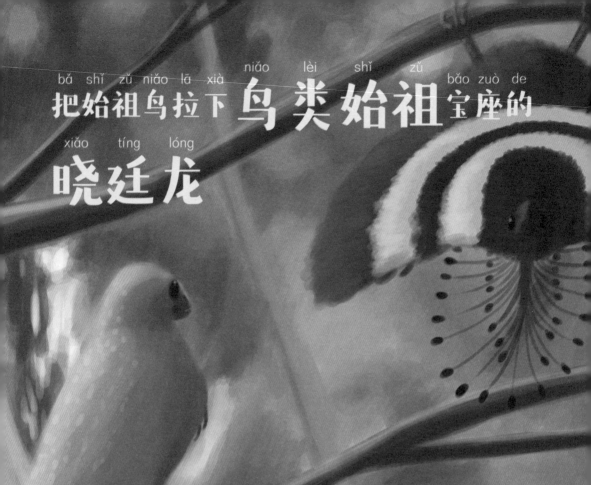

# 把始祖鸟拉下鸟类始祖宝座的
bǎ shǐ zǔ niǎo lā xià niǎo lèi shǐ zǔ bǎo zuò de

## 晓廷龙
xiǎo tíng lóng

ràng shǐ zǔ niǎo shī qù　　zuì zǎo de yǔ máo dòng wù　　tóu xián de
让始祖鸟失去"最早的羽毛动物"头衔的

dòng wù　　qí zhōng zhī yī jiù shì xiǎo tíng lóng
动物，其中之一就是晓廷龙。

xiǎo tíng lóng de shēng cún shí jiān shì jù jīn　　　　yì
晓廷龙的生存时间是距今1.61亿～1.605

yì nián qián de wǎn zhū luó shì　　huà shí fā xiàn yú zhōng guó liáo níng shěng
亿年前的晚侏罗世，化石发现于中国辽宁省

042

西部。晓廷龙体长半米左右，体重只有0.8千克，是小型的肉食恐龙，属于兽脚亚目伤齿龙家族。和大多数兽脚类恐龙不同，晓廷龙的前肢长度和后肢的非常接近，而且更加粗壮。

和始祖鸟一样，晓廷龙的四肢、尾巴以及身体的很多部位都长有羽毛。虽然生存年代更早，但它们的骨骼结构比后者更接近鸟类。因此，始祖鸟就被拉下了"鸟类始祖"的宝座。

从细小的圆锥形牙齿分析，晓廷龙很可能以昆虫为食，一双和身体比起来很大的眼睛让它们拥有了极好的视力，可以在黑暗中看到飞舞的昆虫。为了躲避体形更大的肉食恐龙，晓廷龙很可能生活在树上。

# 恐龙中的蝙蝠——奇翼龙

如今会飞行的脊椎动物，除了长有翅膀和羽毛的鸟类，就是拥有翼膜的蝙蝠了，而一种名为奇翼龙的恐龙却把两者的特征结合了起来。

奇翼龙生活在距今1.6亿年前晚侏罗世的中国辽宁省西部，满嘴小尖牙显示它们是以昆虫为食的肉食恐龙。奇翼龙大多数时间生活在树上，属于擅攀鸟龙家族。

奇翼龙体长只有大约60厘米，长得非常奇特。它们身体和尾巴上覆盖着类似鸟类的羽毛，前肢上却有像现在的蝙蝠，以及史前的翼龙身上才有的皮质翼膜。它们皮质翼膜的另一端和躯干相连，平时收缩在前肢和身体之间。当奇翼

龙需要飞翔或滑翔而伸展前肢时，这层翼膜也会随着展开，让它们看上去就像披了个斗篷。

奇翼龙的化石由中国古生物学家徐星命名，考虑到这种恐龙拥有像蝙蝠一样的翼膜，又长得很奇特，就用汉语拼音将其拉丁文学名定为"Yi qi"（翻译时属名和种名顺序颠倒）。

# hào dòu de 好斗的 zhōng huá dào lóng 中华盗龙

xī niú suī rán míng zi zhōng dài niú que bù shǔ yú niú kē
犀牛虽然名字中带"牛"，却不属于牛科

dòng wù hé mǎ suī rán míng zi zhōng dài mǎ que hé mǎ kē méi
动物；河马虽然名字中带"马"，却和马科没

yǒu rèn hé guān xì zhè yàng míng bù fù shí de qíng kuàng zài kǒng lóng zhōng
有任何关系。这样名不副实的情况在恐龙中

tóng yàng bù shǎo zhōng huá dào lóng jiù shì qí zhōng zhī yī
同样不少，中华盗龙就是其中之一。

zhōng huá dào lóng shēng huó zài jù jīn yì nián qián wǎn zhū luó shì
中华盗龙生活在距今1.6亿年前晚侏罗世

de zhōng guó xīn jiāng sì chuān děng dì tǐ cháng mǐ tǐ
的中国新疆、四川等地，体长7.5～11米，体

zhòng dūn hé xiǎo dào lóng yóu tā dào lóng nán fāng dào lóng
重2.5～4吨。和小盗龙、犹他盗龙、南方盗龙

不同，中华盗龙虽然也顶着"盗龙"二字，却不属于驰龙科，而是属于兽脚亚目异特龙超科（超科是目和科之间的次级分类单元）中棘龙科下的中华盗龙属，和永川龙亲缘关系较近。

中华盗龙属内目前共发现两个物种，发现于新疆的模式种叫"董氏中华盗龙"，体长7.5～8米，极限体长可达11米，是以我国著名古生物学家董枝明的姓氏命名的；第二种是四川的和平中华盗龙，体长约9米。

和近亲永川龙相比，中华盗龙的腿更长，拥有更快的奔跑速度，可能会依靠速度来捕猎。中华盗龙主要以中小型植食恐龙为食，有时还会攻击其他肉食恐龙和大型蜥脚类，比如将军庙单脊龙和马门溪龙，是个好斗的狠角色。

# 最早的羽毛恐龙——赫氏近鸟龙

赫氏近鸟龙生活在距今 1.6 亿年前晚侏罗世的中国辽宁省西部，体长约 34 厘米，体重 0.11～0.25 千克，体形和家鸡相差无几，是一种小型的兽脚类恐龙，属于手盗龙类的演化分支鸟翼类（也有观点认为是伤齿龙类）。属名的含义为"无限接近鸟的蜥蜴"，种名的"赫氏"则是为了纪念最早提出鸟类起源于恐龙的英国博物学家赫胥黎。

赫氏近鸟龙头顶上吸引异性的冠饰由红色的羽毛组成，四肢上的飞羽为黑白两色，身体大部分区域用来保暖的绒羽则是黑灰两色。这些是通过研究化石羽毛中的黑色素分析出来的，赫氏近鸟龙也是第一种被推测出羽毛颜色的恐龙。

虽然四肢上都长有飞羽，但赫氏近鸟龙的飞羽较短，而且是对称的，不具备主动飞行的能力。加之具有前肢长度和结构接近早期鸟类、适合攀爬的特点，古生物学家认为赫氏近鸟龙是一种树栖恐龙。

<ruby>头<rt>tóu</rt></ruby><ruby>颈<rt>jǐng</rt></ruby><ruby>部<rt>bù</rt></ruby><ruby>有<rt>yǒu</rt></ruby><ruby>很<rt>hěn</rt></ruby><ruby>多<rt>duō</rt></ruby><ruby>空<rt>kōng</rt></ruby><ruby>腔<rt>qiāng</rt></ruby><ruby>的<rt>de</rt></ruby>

头颈部有很多空腔的

<ruby>将<rt>jiāng</rt></ruby><ruby>军<rt>jūn</rt></ruby><ruby>庙<rt>miào</rt></ruby><ruby>单<rt>dān</rt></ruby><ruby>脊<rt>jǐ</rt></ruby><ruby>龙<rt>lóng</rt></ruby>

将军庙单脊龙

如果说侏罗世中国新疆地区的肉食恐龙之王是中华盗龙，那亚军的头衔大概要归属于将军庙单脊龙了。

将军庙单脊龙生活在距今 1.6 亿年前的晚侏

罗世，种名取自化石发现地——新疆的一座将军庙，在分类中属于兽脚亚目坚尾龙类。

将军庙单脊龙体长在5.5米左右，体重约475千克，属于中等体形的肉食恐龙。属名中的"脊"来自头顶上像山脊一样的冠饰。将军庙单脊龙的头冠其实是鼻骨的延长，紧挨着额头的边缘一直延伸到眼睛附近，长度相当于整个头部的75%，里面有很多充满气体的空腔，主要作用是向异性展示。

除了头冠，将军庙单脊龙颈部和鳃部的骨头里也有很多空腔。这些空腔虽然减轻了头颈部的重量，让将军庙单脊龙更加灵活，但也导致了其咬合力的下降。古生物学家推测，将军庙单脊龙很难制服大型植食恐龙，很可能以它们的幼崽或小型植食恐龙和鱼类为主食。

# 戴红帽子的霸王龙远祖——五彩冠龙

dài hóng mào zi de bà wáng lóng yuǎn zǔ · wǔ cǎi guān lóng

身形巨大的霸王龙来自暴龙家族，而这
shēn xíng jù dà de bà wáng lóng lái zì bào lóng jiā zú ér zhè

个家族的祖先五彩冠龙却是个不折不扣的小
ge jiā zú de zǔ xiān wǔ cǎi guān lóng què shì gè bù zhé bú kòu de xiǎo

个子。
gè zi

五彩冠龙生活在距今 1.65亿～1.6亿年前晚
wǔ cǎi guān lóng shēng huó zài jù jīn yì yì nián qián wǎn

侏罗世的中国新疆，因头顶长有漂亮的头冠且化石出土于五彩湾地区而得名，拉丁文学名含义为"五彩湾地区长有头冠的蜥蜴"。

五彩冠龙是小型的兽脚类肉食恐龙，体长3～4米，体重120～180千克。五彩冠龙身上有一层绒毛，头顶上的冠饰形状随着年龄增长而改变。冠饰和鸡冠子一样呈红色，只不过是中空的。

基因研究显示，五彩冠龙是包括霸王龙在内的暴龙类恐龙的祖先，是暴龙超科最早出现的成员之一。它们的主要捕食对象是角龙类恐龙——体长1.2～1.5米、体重约30千克的隐龙。此外，小蜥蜴、鱼类等也在五彩冠龙的食谱中。

# 用头顶凸起遮阳的异特龙

yòng tóu dǐng tū qǐ zhē yáng de　yì tè lóng

　　暴龙类崛起之前，北美地区实力最强的捕食
bào lóng lèi jué qǐ zhī qián　　běi měi dì qū shí lì zuì qiáng de bǔ shí

恐龙要数蛮龙，但它们的名气远不如异特龙。
kǒng lóng yào shǔ mán lóng　　dàn tā men de míng qi yuǎn bù rú yì tè lóng

　　异特龙生活在距今 1.56 亿 ~ 1.46 亿年前的
yì tè lóng shēng huó zài jù jīn　　　yì　　　　yì nián qián de

晚侏罗世，除北美地区外，欧洲和非洲也有化石
wǎn zhū luó shì　　chú běi měi dì qū wài　　ōu zhōu hé fēi zhōu yě yǒu huà shí

出土。它们平均体长约 8 米，体重 2 ~ 2.5 吨。
chū tǔ　　tā men píng jūn tǐ cháng yuē　　mǐ　　tǐ zhòng　　　　dūn

虽然体形在当时的一众肉食恐龙中并不算突出，异特龙却成了很多人心目中的"侏罗纪之王"，这完全是化石数量导致的结果。根据估算，在当时的北美地区，异特龙的数量占到了肉食恐龙总数的七成以上。

异特龙的拉丁文学名含义为"特殊的蜥蜴"，其眼睛位置比较靠近头顶，上面有巨大的凸起物，可以起到遮阳的作用。和霸王龙等体形更大、更强壮的捕食恐龙相比，它们的前肢较长，对捕猎的帮助更大。

异特龙通常成群生活，以未成年或病弱的梁龙、圆顶龙、迷惑龙、剑龙等为食。因为牙齿比较细长，异特龙无法咬断大型植食恐龙的骨头，捕猎方式是不断撕咬，给猎物放血致其死亡。

# 骨板也是刺的钉状龙

钉状龙也叫肯氏龙，生活在距今1.56亿~1.51亿年前的晚侏罗世，体长4.5米，体重约1吨，是东非地区特有的剑龙类恐龙。

钉状龙的拉丁文学名含义为"钉子状的蜥蜴"，这源于它们身体的骨板形状。和我们熟悉的剑龙脊背上长满粗大的且末端相对平缓的骨板不同，钉状龙身体上的骨板比较细长，看上去像一根根尖刺；尾巴上的尖刺也不像大多数剑龙类恐龙那样向后倾斜，而是朝前长的；肩膀两侧还各有一根长刺。一些学者认为，在和捕食恐龙对决时，钉状龙给对方造成的伤害可能大于剑龙。

虽然有着很有效的防御手段，但钉状龙还是非常小心谨慎，总是喜欢和高大的蜥脚类恐龙待在一起。由于身高差，蜥脚类恐龙取食高处的枝叶，而钉状龙只吃贴近地面的植被，两者可以和平相处。

# 分段控制身体的剑龙

　　身为剑龙家族的"族长"，生活在晚侏罗世的剑龙，其体形明显比其他家族成员的要大，成年后体长可达7～9米，体重3～4吨。

　　体形大了，防御武器自然也跟着变大，剑龙尾巴上的骨刺长达1米，比祖先太白华阳龙足足长了60厘米。除背部的17块三角形的骨板外，剑龙下颌到胸部的位置也有一片扁平的骨板，用来保护喉咙。

　　虽然身体够大，但剑龙的大脑只有80克，较低的脑容量使得它们无法通过大脑完全控制身体，好在臀部位置的空腔内有个膨大的神经节，可以帮助大脑对后半身进行控制。

chú le wěi cì gōng jī　jiàn lóng yǒu shí hái huì tōng guò gěi gǔ bǎn
除了尾刺攻击，剑龙有时还会通过给骨板

chōng xuè de fāng shì ràng qí biàn de gèng xiān yàn　cóng ér xià tuì bǔ shí
充血的方式让其变得更鲜艳，从而吓退捕食

zhě　zhè yì zhāo yě huì zài tóng lèi jiān zhēng duó bàn lǚ shí shǐ yòng
者。这一招也会在同类间争夺伴侣时使用。

# 鼻孔靠近头顶的 圆顶龙

圆顶龙生活在距今 1.5 亿年前的晚侏罗世，化石发现于美国和加拿大境内，是北美地区特有的大型蜥脚类恐龙。

圆顶龙的名字来源于它们又短又圆的头部，目前已发现的圆顶龙共有 4 种，都有 10 米以上的体长和 10 吨以上的体重。其中最早发现的模式种至高圆顶龙体形最大，长度达到 18 米，体重有 23 吨。和大多数大型蜥脚类恐龙相比，圆顶龙的脖子较为短粗，这使得它们只能以较低矮的植物为食。

虽然是植食恐龙，但圆顶龙的牙齿比较粗大。这使得它们除了较嫩的树叶，还可以把坚硬

de shù zhī yì qǐ sī chě xià lái shí yòng　　huò xǔ shì wèi le bì miǎn jìn shí
的树枝一起撕扯下来食用。或许是为了避免进食

shí bèi zhī yè guǎ cèng　　yuán dǐng lóng de bí kǒng zhǎng zài kào jìn tóu dǐng de
时被枝叶剐蹭，圆顶龙的鼻孔长在靠近头顶的

wèi zhì　　chà bu duō hé yǎn jing qí píng　　yuán dǐng lóng de bí kǒng fēi cháng
位置，差不多和眼睛齐平。圆顶龙的鼻孔非常

dà　　zhè ràng yì xiē yán jiū zhě tuī cè tā men kě néng yōng yǒu lèi sì dà
大，这让一些研究者推测它们可能拥有类似大

xiàng de cháng bí zi　　bú guò zhè zhǒng guān diǎn bìng méi yǒu dé dào guǎng fàn
象的长鼻子，不过这种观点并没有得到广泛

rèn kě
认可。

# 能用尾巴"放炮"的雷龙

提到恐龙中的明星，雷龙绝对算一种。

这种在民间名气很大的蜥脚类恐龙，在学术界却长期被当成迷惑龙的同物异名物种，直到2015年才因为全面、系统的研究被重新确立为有效物种。

雷龙是北美地区特有的恐龙种群，化石发现于美国科罗拉多州。雷龙生活在距今1.5亿~1.45亿年前的晚侏罗世，体长约22米，高4.5米，体重在15吨左右。它们身体最前面有个和身躯比起来比例很不协调的小脑袋，嘴巴里有两排钉子状的细小牙齿，脖子由15块颈椎组成，因颈椎异常粗大而显得肿胀。

从体重上说，雷龙体长超过20米却只有15吨重，在大型蜥脚类恐龙中只能算中等吨位，而它们的体长数据很大程度来自尾巴的贡献。雷龙拥有一条大约12米长的尾巴，从根部开始越来越细，尾巴尖就像鞭子梢。根据电脑模拟测算，雷龙挥动尾巴时可以产生大约200分贝的声响，堪比火炮发射！这样的巨响足以震慑不怀好意的肉食恐龙。

# 树上生活的恐龙——擅攀鸟龙

擅攀鸟龙化石发现于中国辽宁省，是一种极小的兽脚类恐龙，体长只有15厘米，体重不超过100克，以昆虫为食，身上的羽毛可用来保暖。

擅攀鸟龙生活在距今约1.69亿年前的中侏罗世到1.2亿年前的早白垩世，跨度将近5000万年。体形小却能生存如此长的时间，和它们独特的生存策略不无关系。为躲避那些地面上的肉食亲戚的袭击，擅攀鸟龙成了爬树高手，它们拉丁文学名的含义就是"擅长爬树的蜥蜴"。

身为擅长爬树的恐龙，擅攀鸟龙自然有许多适应树栖生活的特征。比如，它们的前后肢几乎一样长（大多数兽脚类恐龙都是前肢短后

zhī cháng
肢长），yǒu zhù yú pá shù shí tóng shí fā lì 有助于爬树时同时发力；xì cháng ér jiān yìng 细长而坚硬

de wěi ba bù jǐn néng bǎo chí píng héng zài bì yào shí hái néng dàng zhī diǎn
的尾巴不仅能保持平衡，在必要时还能当支点

yòng lìng yí gè míng xiǎn qū bié shì qí tā shòu jiǎo lèi kǒng lóng dōu shì
用。另一个明显区别是，其他兽脚类恐龙都是

dì èr zhǐ zuì fā dá shàn pān niǎo lóng de dì sān zhǐ què bǐ dì èr zhǐ
第二指最发达，擅攀鸟龙的第三指却比第二指

cháng le liǎng bèi zuǒ yòu duì yú zhè gēn chāo cháng de zhǐ tou gǔ shēng
长了两倍左右。对于这根超长的指头，古生

wù xué jiā tuī cè qí zuò yòng kě néng lèi sì yú zhǐ hóu de zhōng zhǐ shì
物学家推测其作用可能类似于指猴的中指，是

yòng lái shēn rù dòng xué tāo chóng zi de
用来伸入洞穴掏虫子的。

dǐng zhe niǎo míng de kǒng lóng
顶着鸟名的恐龙——
shǐ zǔ niǎo
始祖鸟

shǐ zǔ niǎo shēng huó zài jù jīn　yì　　yì nián qián wǎn
始祖鸟生活在距今1.52亿~1.51亿年前晚

zhū luó shì de dé guó　tǐ cháng　mǐ zuǒ yòu　tǐ zhòng　kè zuǒ
侏罗世的德国，体长0.5米左右，体重500克左

yòu　shì yì zhǒng xiǎo xíng de kǒng zhǎo lóng lèi kǒng lóng
右，是一种小型的恐爪龙类恐龙。

jì rán shì kǒng lóng　wèi hé dǐng zhe niǎo lèi shǐ zǔ zhī míng ne　zhè
既然是恐龙，为何顶着鸟类始祖之名呢？这

就要从始祖鸟的研究历史说起了。始祖鸟化石发现于1860年，是人类发现的第一种有羽毛的古生物。研究者发现始祖鸟的身体结构和鸟类很像，口中却长满了牙齿，由此提出鸟类可能起源于恐龙的观点，并认为化石的主人就是鸟类的祖先，这就有了"始祖鸟"的名字。

但随着研究手段的进步，古生物学家发现了一些新的问题，比如始祖鸟的大脚趾无法像树栖鸟类那样对握。更为重要的是，古生物学家此后又陆续发现了两种和始祖鸟身体结构非常相似，同样身披羽毛的史前动物，它们的生存年代更早，直接导致始祖鸟失去了"最早的羽毛动物"这个头衔，身份也被重新归入了恐龙家族。

# 恐龙中的"长颈鹿"——
# 马门溪龙

蜥脚类恐龙大多拥有长长的脖子,这其中脖子最长的莫过于马门溪龙了。

马门溪龙是蜥臀目蜥脚亚目马门溪龙科马门溪龙属的恐龙,目前共发现6～9种(其中2～3种是疑似种),体长十几米到30米。所有的马门溪龙都有一条极长的由18～19节椎骨组成的脖子,长度几乎等于躯干和尾巴的总和。从这点上说,马门溪龙堪称恐龙中的"长颈鹿"。

过去,人们认为马门溪龙的脖子细长而灵活,能像天鹅一样弯曲成美丽的弧度。但深入研究显示,由于马门溪龙颈部两侧的骨头又细又长,非常僵硬,如果强行弯成"天鹅颈",难

miǎn huì zào chéng gǔ zhé yǐ jí jǐng bù liǎng cè pí fū bèi gǔ tou cì chuān de
免会造成骨折以及颈部两侧皮肤被骨头刺穿的

qíng kuàng xiàn zài de guān diǎn rèn wéi mǎ mén xī lóng de bó zi néng tái
情况。现在的观点认为，马门溪龙的脖子能抬

dào dà yuē dù tóu bù bǐ jiān bǎng gāo mǐ zuǒ yòu
到大约45度，头部比肩膀高2米左右。

liáng lóng shēng huó zài jù jīn　　　yì　　　　yì nián qián wǎn zhū
梁龙生活在距今 1.56 亿 ~ 1.46 亿年前晚侏

luó shì de běi měi dì qū　tǐ cháng　　　mǐ　tǐ zhòng yuē
罗世的北美地区，体长 26 ~ 27 米，体重约 10

吨。体长接近30米却只有10吨重，这样看来梁龙显然有些偏瘦，但这其实是拜它们的尾巴所赐。梁龙的尾巴非常细，长度占据了全身长度的一半左右，看上去就像一根鞭子，可以用来抽打从身后奔来的捕食恐龙。

虽然脖子很长，但梁龙无法做到像长颈鹿那样俯视自己生活区域内的其他生物。受颈部骨骼结构的限制，它们头部距离地面的高度只有2～3米。因此，梁龙所吃的食物几乎全部来自植被的中下层。必要的时候，梁龙也会利用体重轻的优势，只用两条后腿做支撑，短暂抬起上半身，吃位置高一些的枝叶。

梁龙拥有一颗长而扁平的头颅，嘴巴里的牙齿又细又小，没有一下子咬断枝叶的力量，只能咬住枝叶后慢慢拽下来，然后在嘴巴里慢慢咀嚼。

# 体态像吊车的腕龙

腕龙是和梁龙生活在同一时期、同一地点的大型蜥脚类恐龙，体长约23米，脖子比尾巴长，体重25～30吨，其拉丁文学名的含义为"长臂蜥蜴"。所谓"长臂"指的就是前肢，腕龙及其所在的腕龙科恐龙前肢长于后肢，身体总体呈肩高臀低的姿态。

腕龙不仅前肢长，颈部的肌肉也比梁龙的更发达有力，能够以大约50度的角度抬到距离地面10～13米的高度。如果说头部和躯干在一个水平线上的梁龙是公交车，那高昂着头的腕龙就相当于吊车（脖子是吊车的起重臂）。

因为头部的位置较高，腕龙可以吃到树木高

chù de zhī yè　　gāng hǎo hé liáng lóng cuò kāi shí yòng zhí bèi de bù tóng bù
处 的 枝 叶 ， 刚 好 和 梁 龙 错 开 食 用 植 被 的 不 同 部

wèi　　liǎng lèi dà xíng kǒng lóng yīn cǐ jīng cháng zài tóng yí piàn qū yù nèi jìn
位 ， 两 类 大 型 恐 龙 因 此 经 常 在 同 一 片 区 域 内 进

shí　　wàn lóng kǒu zhōng de yá chǐ shì cū dà de sháo zhuàng chǐ　　qí jǔ jué
食 。 腕 龙 口 中 的 牙 齿 是 粗 大 的 勺 状 齿 ， 其 咀 嚼

néng lì jiào qiáng　　kě yǐ dà kǒu tūn shí zhī yè
能 力 较 强 ， 可 以 大 口 吞 食 枝 叶 。

侏罗纪的"肉食犀牛"——角鼻龙

角鼻龙生活在距今 1.53 亿～1.48 亿年前的晚侏罗世，北美、欧洲、非洲等地区都有分布。不同地区的角鼻龙体形差距很大。北美和欧洲种群的只有 6～7 米长，0.6～0.98 吨重；非洲的则有 12 米长，1.5 吨重。

从名字不难猜出，角鼻龙的角是长在鼻子上的，在它们的鼻骨上有一根向上挺立的角，有点儿像犀牛角。由于角本身比较小，内部结构又比较脆弱，古生物学家推测角鼻龙并不会用角来打斗，而只是用角来吸引异性。除了鼻子上方，角鼻龙两眼之间稍微靠前的位置上也有一个凸起，但是尺寸更小。

身为兽脚类恐龙，角鼻龙自然是要吃肉的。它们会用刀子般锋利的牙齿撕咬猎物，捕猎的对象主要是中小型植食恐龙。

# 吃不着鸟的嗜鸟龙

网络上曾流行过一个段子：北极熊为什么不吃企鹅？问题的答案当然是吃不到。这个笑话同样适用于嗜鸟龙和鸟之间。

嗜鸟龙生活在距今1.56亿~1.46亿年前晚侏罗世的北美地区，体长1.8~2米，体重15~35千克，是小型的兽脚类恐龙。

嗜鸟龙前肢较长，上面的爪子锋利且向内弯曲，非常适合钩住猎物。嗜鸟龙拥有一口锋利的牙齿，口腔前半部分的牙齿呈圆锥形，后半部分牙齿则比较扁宽，非常适合撕开猎物的皮毛，并把咬下来的肉切割成小块。两条肌

肉发达的长腿，使嗜鸟龙具有了极快的奔跑速
度。综合这些特征，命名者认为化石的主人速度
快得可以追上低飞的鸟，是以鸟为食的小型捕
食恐龙，就给它们起名叫"嗜鸟龙"了。

到目前为止，古生物学家还从来没有在发
现嗜鸟龙化石的地层中发现鸟类化石。也就是
说，嗜鸟龙的生活环境中没有鸟，吃鸟也就无
从谈起了。

# 恐龙中的"四不像"——智利龙
kǒng lóng zhōng de　　　　sì bú xiàng　　　　zhì lì lóng

中国特有动物麋鹿，因结合了很多种动物
zhōng guó tè yǒu dòng wù mí lù　　yīn jié hé le hěn duō zhǒng dòng wù

的特点而被俗称为"四不像"。恐龙家族中的
de tè diǎn ér bèi sú chēng wéi　　sì bú xiàng　　kǒng lóng jiā zú zhōng de

智利龙也综合了多类恐龙的特征。
zhì lì lóng yě zōng hé le duō lèi kǒng lóng de tè zhēng

智利龙生活在距今约1.45亿年前晚侏罗世的南美洲智利，体形较小，体长只有1.2～3.2米，以植物为食。智利龙曾被认为是兽脚类恐龙，后来通过对其骨盆结构的研究，发现其和鸟臀目恐龙关系更近（具体的分类归属目前仍有争议）。

智利龙的身份归属出现争议，和它的身体特征不无关系。智利龙看上去就像多类恐龙的结合体：头骨结构和角鼻龙相似，前肢和肩膀像坚尾龙类，扁平的牙齿和宽大的脚像蜥脚类恐龙的。

智利龙是一个新属恐龙，目前只发现了一种，模式种为迭戈苏亚雷斯智利龙。种名是为了致敬化石发现者——当时只有7岁的迭戈·苏亚雷斯。

# 唯一开荤的甲龙——
wéi yī kāi hūn de jiǎ lóng

# 奇异辽宁龙
qí yì liáo níng lóng

jiǎ lóng jiā zú jī běn dōu shì sù shí zhě　　yǒu gè jiào qí yì liáo níng
甲龙家族基本都是素食者，有个叫奇异辽宁

lóng de xiǎo jiā huo kǒu wèi què yǔ zhòng bù tóng
龙的小家伙口味却与众不同。

qí yì liáo níng lóng shēng huó zài　　　　　yì　　　　yì nián qián zǎo bái
奇异辽宁龙生活在 1.3 亿～1.22 亿年前早白

è shì de zhōng guó liáo níng shěng xī bù　　tǐ cháng　　　　mǐ　　tǐ
垩世的中国辽宁省西部，体长 0.34～1 米，体重0.71千克，是甲龙家族中体形最小的成员。

虽然个子小，但奇异辽宁龙也像家族里的大块头亲戚一样，身披护体铠甲。说它们"奇异"并不是指样貌，而是指食物选择。古生物学家在奇异辽宁龙的胃容物化石中找到了一些小鱼的残骸和半条蜥蜴尾巴。奇异辽宁龙虽然很小，但有很尖、很锋利的牙齿和爪子；活动区域很可能靠近水边。由此，研究者判断其可能是吃肉的，而且尤其爱吃鱼。

至于奇异辽宁龙为何要打破家族吃素的传统，一些学者认为是为了避免竞争。当时的中国辽宁省西部生活着很多素食或半素食的恐龙，体形都比奇异辽宁龙大。奇异辽宁龙就竞争不过它们，为填饱肚子，选择了下水抓鱼。

# 恐龙时代的"骆驼"——昆卡猎龙

很多恐龙的背部都有由延长的神经棘和肌腱组成的凸起，有的像帆船的风帆，有的像驼峰。昆卡猎龙就属于后者，它们曾在《侏罗纪世界2》中短暂出场。

昆卡猎龙生活在距今1.3亿年前的早白垩世，因化石发现于西班牙的昆卡地区而得名。它们体长约6米，体重800千克左右。3个指头末端的尖锐爪子、巨大的嘴巴，以及嘴巴里面锋利而弯曲的牙齿显示，它们是凶猛的捕食恐龙。

昆卡猎龙最显著的特征要算是背部中后部如小山一样鼓起来的神经棘了。这些神经棘合在一起，外面覆盖着肌肉和皮肤，看上去很像驼峰。对于昆卡猎龙"驼峰"的作用，学术界目前有两种观点：一种认为当时的西班牙气候比较炎热，昆卡猎龙在高速奔跑捕猎后需要尽快散热，"驼峰"是散热器官；另一种则认为每一只昆卡猎龙的"驼峰"都不一样，这是同伴间相互辨识的标志。

除了"驼峰"，古生物学家还在昆卡猎龙的前肢上发现了类似羽毛残留物的痕迹，由此推测它们的前肢可能长有羽毛。

# 牙齿和嘴巴像鳄鱼的重爪龙

　　重爪龙生活在距今1.3亿～1.25亿年前的早白垩世,西班牙和英国都有分布;体长8～10米,体重约2吨;拉丁文学名含义为"拥有坚实利爪的蜥蜴",是根据前肢上长达30厘米、如镰刀一样的大爪子命名的。

　　虽然体形很大,又有巨大的爪子,重爪龙却远非巨兽杀手。像鳄鱼一样较为扁平的头部和细长的嘴巴,以及嘴里同样细长的牙齿,让它们很难给那些皮糙肉厚的大型植食恐龙造成致命伤害。

　　在生物分类中,重爪龙和背部长有风帆般凸起的棘龙同属兽脚亚目棘龙科,食物也同样以鱼类为主。它们圆锥形的牙齿表面布满了纵纹，这有助于固定体表光滑的鱼类。古生物学家曾在一只重爪龙的胃容物化石中发现过1米长的鱼骨。重爪龙不仅爪子大，前肢也很粗壮，很可能会像棕熊那样通过拍打水面把鱼震出来，然后食用。

wéi yī　yǒu yá　de sì niǎo lóng　　　　　sì　tí　hú　lóng
# 唯一**有牙**的似鸟龙——似鹈鹕龙

sì　tí　hú　lóng shēng huó zài jù jīn　　　　 yì　　　　　yì nián qián zǎo
似鹈鹕龙生活在距今 1.27亿~1.21亿年前早

bái è shì de xī bān yá　　yīn tóu bù xíng tài hé tí hú xiāng sì ér dé
白垩世的西班牙，因头部形态和鹈鹕相似而得

míng　sì　tí　hú　lóng tǐ cháng yuē　　mǐ　tǐ zhòng　qiān kè zuǒ yòu
名。似鹈鹕龙体长约2.2米，体重20千克左右，

即便是在身材普遍小巧的似鸟龙类中也是小个子。然而这个小个子却是家族里唯一长牙的，而且还一下子长了200多颗，是已知的兽脚类恐龙中牙齿最多的。

似鹈鹕龙的200多颗牙齿小而尖，且边缘上有锯齿，嘴巴前端的比较宽，口腔后面的则相对较细。这样的牙齿再加上细长的嘴巴，非常适合咬住滑溜溜的鱼。因此，和家族里大部分成员要么纯吃素，要么荤素搭配以素为主不同，似鹈鹕龙几乎是纯粹的肉食者，最常吃的就是鱼。

说似鹈鹕龙头部和鹈鹕相似，一个很重要的原因就是它们的下巴后方有个颊囊。古生物学家推测，似鹈鹕龙会用这个颊囊储存食物，带回去喂养后代。

# 最早长羽毛的恐龙——中华龙鸟

在"鸟类起源于恐龙"的论点已经被广泛认可的今天，人们对于长羽毛的恐龙已经见怪不怪。但在100多年前，恐龙的复原完全仿照蜥蜴的模样，直到20世纪末中华龙鸟化石被发现。

中华龙鸟生活在距今1.25亿~1.22亿年前早白垩世的中国辽宁省西部。它们体长约1米，体重在3千克左右，是一种小型的兽脚亚目恐龙。

中华龙鸟的名字来源于化石表面类似羽毛的痕迹。因为样子实在和鸟太像，中华龙鸟一度被当成原始的鸟类，但深入研究显示，它们的骨骼结构和鸟类有着明显区别，羽毛也主要用来炫耀和保温，缺乏提供上升力的不对称飞羽。因此，现有观点将其重新划归到恐龙家族，属于美颌龙类。

虽然不会飞，中华龙鸟却是出色的猎手：一对和脑袋比起来足够大的眼睛让它们拥有了极好的视力，可以及时发现隐藏的猎物；长长的后腿和尾巴是速度和平衡身体的保障，让其能以每小时60千米的速度快速出击；带钩的爪子和匕首般带锯齿的小尖牙可以帮它们咬住并杀死猎物。

# 经常和中华龙鸟混淆的

jīng cháng hé zhōng huá lóng niǎo hùn xiáo de

## 中国鸟龙

zhōng guó niǎo lóng

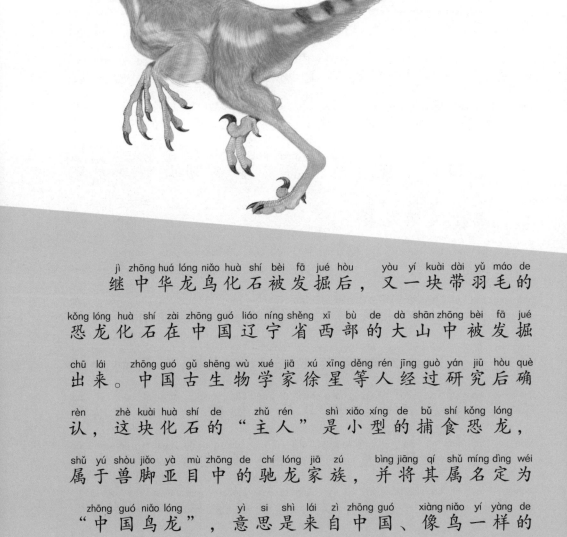

继中华龙鸟化石被发掘后，又一块带羽毛的
jì zhōng huá lóng niǎo huà shí bèi fā jué hòu  yòu yí kuài dài yǔ máo de

恐龙化石在中国辽宁省西部的大山中被发掘
kǒng lóng huà shí zài zhōng guó liáo níng shěng xī bù de dà shān zhōng bèi fā jué

出来。中国古生物学家徐星等人经过研究后确
chū lái  zhōng guó gǔ shēng wù xué jiā xú xīng děng rén jīng guò yán jiū hòu què

认，这块化石的"主人"是小型的捕食恐龙，
rèn  zhè kuài huà shí de  zhǔ rén  shì xiǎo xíng de bǔ shí kǒng lóng

属于兽脚亚目中的驰龙家族，并将其属名定为
shǔ yú shòu jiǎo yà mù zhōng de chí lóng jiā zú  bìng jiāng qí shǔ míng dìng wéi

"中国鸟龙"，意思是来自中国、像鸟一样的
zhōng guó niǎo lóng  yì si shì lái zì zhōng guó  xiàng niǎo yí yàng de

蜥蜴。由于化石命名的时间正好是被称为千禧
xī yì  yóu yú huà shí mìng míng de shí jiān zhèng hǎo shì bèi chēng wéi qiān xǐ

090

年的2000年，所以中国鸟龙的模式种就叫千禧中国鸟龙。

目前发现的中国鸟龙属成员，全部是小型恐龙，体长1米左右，高度接近半米，体重约2千克，生活在距今1.23亿~1.2亿年前的早白垩世。虽然体形小，中国鸟龙却有一个和身体比例不相称的大脑袋，它们的脑袋长达14厘米，眼睛很大，口鼻细长，嘴巴里的牙齿小而锋利，如同匕首。

有研究者根据中国鸟龙牙齿化石上的沟槽，认为它们可能像毒蛇一样能释放毒液，但还没有确凿证据。

相比于中华龙鸟，名字落在"龙"上的中国鸟龙的肩带和前肢结构，以及羽毛特征更接近鸟类。

# 第一种被发现细胞组织的恐龙——尾羽龙

有些时候，动物的尸体会出于某些自然原因而被快速掩埋，从而使其体内的细胞组织得以保留，尾羽龙就是其一。

尾羽龙生活在距今约 1.25 亿~1.22 亿年前早白垩世的中国辽宁省西部地区，体长在 1 米左右，体重约 5 千克，是一种小型的杂食性兽脚亚目恐龙。尾羽龙在分类上属于尾羽龙科尾羽龙属，名字来源于尾巴上的羽毛，是第一种被发现尾巴上长有羽毛的恐龙。

除了尾巴，尾羽龙的前肢上也覆盖着羽毛，

但这些羽毛普遍短小并且是对称的，跟现代鸟类
所拥有的不对称飞羽不同，因此它们不会飞。

在一具尾羽龙化石上，古生物学家发现了
类似细胞组织的物质，并利用相关手段成功
提取出细胞核和细胞质，为破解该物种的DNA
（细胞质的组成部分）奠定了基础。

# 最大的长羽毛的恐龙——
# 华丽羽王龙

自 20 世纪 90 年代以来，大批长羽毛的恐龙在中国辽宁省西部被发现，这些恐龙大多有一个共同特征——小，华丽羽王龙则是个特例。

华丽羽王龙体长 9 米以上，体重约 1.4 吨，生活在 1.25 亿年前，是目前已发现的长羽毛的恐龙中体形最大的。和其他长羽毛的恐龙相比，华丽羽王龙除了身材高大，还有很短的前肢，古生物学家根据这个特点，将其归入霸王龙所在的暴龙家族（因此也叫华丽羽暴龙），其拉丁文学名的含义为"长有羽毛的华丽的暴君蜥蜴"。

因为块头较大，华丽羽王龙不具备小盗龙

等小型长羽毛的恐龙的滑翔能力，是个纯粹的陆地霸主。华丽羽王龙最喜欢在离水源较近、拥有大量植被的丘陵地带活动，其食物来源非常丰富，包括当时辽西地区最大的恐龙——东北巨龙、中等体形的锦州龙、小型的鹦鹉嘴龙等。这其中又以锦州龙为首选，因为锦州龙的反抗能力不如东北巨龙，奔跑速度不如鹦鹉嘴龙。

# "手指"上长刺的禽龙

禽龙化石于1822年由英国乡村医生曼特尔的夫人玛丽发现，是人类最早发现的恐龙化石。

化石形态和南美洲某种鬣蜥的牙齿很像，因此其拉丁文学名含义就是"鬣蜥的牙齿"。禽龙也是在"恐龙"一词出现前就被发现的三种恐龙之一。

禽龙生活在距今1.2亿年前的早白垩世，体长可达10米，在欧洲、亚洲、非洲、美洲都有分布。它们和同为鸟脚类的鸭嘴龙有较近的关系，甚至被认为是后者的祖先。禽龙大多数时候用四足支撑身体，进食高处的植物或者观察附近情况时则会用两条后腿站立。

禽龙最特别的地方是它们"手掌"上的指头：最内侧的指头演化成锋利的刺状，可以用来防身或格斗；稍微弯曲的第五个指头则具备抓握能力。

和很多植食恐龙相比，禽龙对食物的吸收更好，这得益于它们的颌骨结构。禽龙的上下颌连接处有个关节，使得下颌能前后上下活动，从而把枝叶咀嚼得更碎。禽龙也被认为是最早具备咀嚼能力的动物。

néng zài shuǐ dǐ xíng zǒu de **chén lóng**
# 能在水底行走的沉龙

chén lóng shì fā xiàn yú fēi zhōu ní rì ěr de niǎo tún mù niǎo jiǎo lèi kǒng
沉龙是发现于非洲尼日尔的鸟臀目鸟脚类恐

lóng shǔ yú qín lóng jiā zú tā men shēng huó zài jù jīn yì
龙，属于禽龙家族。它们生活在距今1.21亿~

1.12亿年前的早白垩世，拉丁文学名的含义为"沉重的蜥蜴"。这个名字可以说非常符合沉龙的特点：它们不仅有6吨重、9米长的庞大体形，而且腿很短，腹部距离地面不到1米，给人一种身体往下沉的感觉。

沉龙腿短跑不快，但也有好处，那就是重心低不容易摔倒。在面对捕食恐龙时，沉龙可以快速转动身体，确保对方始终在自己的视线范围内，再伺机用前掌拇指上钉子般的大爪子进行反击。

和大多数禽龙相比，沉龙的脖子很长，大约有1.6米。从出土化石及相关信息分析，沉龙很可能像今天的河马一样，大部分时间都泡在水中。它们的脚底长有厚厚的肉垫，可以起到防滑的作用，让它们能在满是淤泥的水底行走。

# 长4个翅膀的小盗龙

zhǎng gè chì bǎng de xiǎo dào lóng

kē huàn diàn yǐng ā fán dá zhōng chū xiàn le yì zhǒng zhǎng yǒu
科幻电影《阿凡达》中出现了一种长有 4

gè chì bǎng de shén qí shēng wù tā de yuán xíng jiù shì xiǎo dào lóng
个翅膀的神奇生物，它的原型就是小盗龙。

xiǎo dào lóng shēng huó zài dà yuē yì nián qián de zǎo bái è
小盗龙生活在大约 1.25 亿年前的早白垩

shì shì zhōng guó liáo níng shěng xī bù rè hé shēng wù qún zhōng de dài biǎo
世，是中国辽宁省西部热河生物群中的代表

物种，体长 0.45 ~ 1 米，体重 1 千克左右，来自兽脚类恐龙中的驰龙家族，和鸟类拥有共同的祖先。

既然和鸟有亲缘关系，小盗龙自然是长有羽毛和翅膀的，它们浑身披着类似乌鸦的黑色羽毛。不同的是，小盗龙的前后肢上都长有羽毛，是拥有 4 个翅膀的恐龙。

飞羽让小盗龙有了在空中移动的能力。但由于翅膀和身体相比不够大，胸部也没有鸟类那样能为飞行提供动力和附着着发达肌肉的"龙骨突"（善于飞行的鸟类，胸部如船的龙骨般向前突出，称为龙骨突），小盗龙无法从地面起飞，只能先爬到树冠等较高的地方，扇动翅膀向下俯冲。有学者认为，小盗龙的"飞"应该是介于滑翔和飞翔之间的一种模式。

# 能两条腿奔跑的角龙——鹦鹉嘴龙

鹦鹉嘴龙是一类小型的角龙类恐龙，生活在距今1.2亿~1亿年前的早白垩世，分布于中国东北和蒙古国境内，是亚洲东部的特有恐龙。

鹦鹉嘴龙的属名"鹦鹉嘴"缘于它们的像鹦鹉一样的喙状嘴巴。除了这个特征，它们还微微有些驼背。目前已经发现10多种，能适应包括沙漠在内的多种环境。不同种类的鹦鹉嘴龙体形不尽相同，总体算起来大约长2米，重20~30千克，和一条中型犬差不多大。

鹦鹉嘴龙坚硬的喙状嘴巴让它们可以轻松嗑开坚硬的坚果，然后把果肉弄到嘴巴的中后部咀嚼（鹦鹉嘴龙上颌前端没有牙齿）。和亲

<ruby>戚<rt>qī</rt></ruby><ruby>三<rt>sān</rt></ruby><ruby>角<rt>jiǎo</rt></ruby><ruby>龙<rt>lóng</rt></ruby><ruby>不<rt>bù</rt></ruby><ruby>同<rt>tóng</rt></ruby>，<ruby>鹦<rt>yīng</rt></ruby><ruby>鹉<rt>wǔ</rt></ruby><ruby>嘴<rt>zuǐ</rt></ruby><ruby>龙<rt>lóng</rt></ruby><ruby>大<rt>dà</rt></ruby><ruby>部<rt>bù</rt></ruby><ruby>分<rt>fen</rt></ruby><ruby>时<rt>shí</rt></ruby><ruby>间<rt>jiān</rt></ruby><ruby>都<rt>dōu</rt></ruby><ruby>两<rt>liǎng</rt></ruby><ruby>足<rt>zú</rt></ruby><ruby>行<rt>xíng</rt></ruby>

<ruby>走<rt>zǒu</rt></ruby>，<ruby>同<rt>tóng</rt></ruby><ruby>时<rt>shí</rt></ruby><ruby>用<rt>yòng</rt></ruby><ruby>长<rt>cháng</rt></ruby><ruby>长<rt>cháng</rt></ruby><ruby>的<rt>de</rt></ruby><ruby>尾<rt>wěi</rt></ruby><ruby>巴<rt>ba</rt></ruby><ruby>保<rt>bǎo</rt></ruby><ruby>持<rt>chí</rt></ruby><ruby>平<rt>píng</rt></ruby><ruby>衡<rt>héng</rt></ruby>，<ruby>这<rt>zhè</rt></ruby><ruby>样<rt>yàng</rt></ruby><ruby>做<rt>zuò</rt></ruby><ruby>可<rt>kě</rt></ruby><ruby>以<rt>yǐ</rt></ruby>

<ruby>让<rt>ràng</rt></ruby><ruby>头<rt>tóu</rt></ruby><ruby>部<rt>bù</rt></ruby><ruby>的<rt>de</rt></ruby><ruby>位<rt>wèi</rt></ruby><ruby>置<rt>zhì</rt></ruby><ruby>更<rt>gèng</rt></ruby><ruby>高<rt>gāo</rt></ruby>，<ruby>从<rt>cóng</rt></ruby><ruby>而<rt>ér</rt></ruby><ruby>及<rt>jí</rt></ruby><ruby>时<rt>shí</rt></ruby><ruby>发<rt>fā</rt></ruby><ruby>现<rt>xiàn</rt></ruby><ruby>潜<rt>qián</rt></ruby><ruby>在<rt>zài</rt></ruby><ruby>的<rt>de</rt></ruby><ruby>危<rt>wēi</rt></ruby><ruby>险<rt>xiǎn</rt></ruby>。

# 南半球最早发现的甲龙——敏迷龙

在如今已知的恐龙中，拉丁文学名最短的是生活在我国的寐龙，属名"Mei"只有3个字母。在此之前，这个纪录一直归生活在南半球的敏迷龙所有，巧合的是，它的学名"Minmi"看上去也是由两个汉语拼音组合而成的。

敏迷龙生活在距今约1.15亿年前早白垩世的澳大利亚，体长约2米，体重2吨。因化石发现于昆士兰州一条名为"敏迷"的交叉路口而得名，也是曾经生活在南半球的甲龙里最早和人类"见面"的恐龙。

既然是甲龙，敏迷龙的身上自然也披着"铠甲"。根据发掘的化石推测，敏迷龙生前身体被骨板覆盖，骨板上面还有骨刺，身体两侧靠近尾巴根部的地方各有一根长长的棘刺，可用来进行自卫反击。

# 不断 "变身" 的棘龙

对于恐龙的身体形态，我们只能通过化石去推测，一些恐龙的形态也随化石的不断发现而发生着变化，最频繁的要数棘龙。

棘龙生活在距今1.13亿~0.93亿年前早白垩世的北非，体长约13.5米；因背部长有由一条条神经棘构成、和肌腱组合在一起看上去像风帆的棘刺而得名。

棘龙是一种兽脚亚目恐龙。起初，研究者根据其他兽脚类恐龙的形象，将其复原成两足行走的直立姿态。到了80多年后的20世纪末，学者们又参考其近亲重爪龙，让棘龙俯下了躯干，但依旧是用两条较长的后腿行走。

到了2014年，新发现的化石显示棘龙的后肢很短，不足以支撑身体，棘龙也因此变成了四足行走的形象。2020年4月，随着几块几乎完整、看起来又扁又宽、形似蝌蚪尾鳍的尾椎化石的发现，科学家又大胆推测棘龙可能更喜欢在水中生活。2022年的研究又显示棘龙的前肢应该更细小一些，它们大部分时间都是在岸上生活的。

# 背着"空调"的豪勇龙

现生动物非洲象会用蒲扇般的大耳朵散热，恐龙中也不乏自带散热装置的，豪勇龙就是其中之一。

豪勇龙是非洲特有恐龙，生活在距今1.1亿年前的早白垩世，体长约8米，体重约2吨，属于鸟脚类恐龙，是禽龙的近亲，化石发现于尼日尔，因此模式种也叫尼日豪勇龙。

豪勇龙最突出的外在特征要算是它们那长满神经棘的背部了。这些神经棘是脊椎的衍生物，又长又密且向上挺立，其中最长的3节有63厘米。神经棘相互间由肌腱相连，合在一起看起来就像古代帆船的风帆。至于"风帆"的作

用，学术界的主流观点认为是散热，因为当时的非洲西北部有成片的森林和湿地，气候比现在地形开阔时要潮湿闷热。也有人认为这些"风帆"可以让豪勇龙看起来更大，有助于吓退同类竞争者和捕食者。第三种观点则根据豪勇龙背部棘刺的末端明显变厚变平的特点，认为这些"风帆"可能是用来储存脂肪的。

# 以迅猛龙之名"演电影"的恐爪龙

科幻电影《侏罗纪公园》，让很多人认识了动作迅猛敏捷，被形象地称为"迅猛龙"的伶盗龙。但鲜为人知的是，电影中伶盗龙的真正原型其实是恐爪龙。

恐爪龙生活在大约1.1亿年前早白垩世的北美地区，体长约3.5米，体重在90千克左右，属于驰龙家族；因后肢的第二个脚趾末端长有长达15厘米、形状像钩子的锋利大爪子而得名。

在捕猎时，恐爪龙首先会用前肢上的6个爪子（左右各3个）抓住对方，然后用后肢使劲儿踢，将后脚上的大爪子刺入猎物的身体，通过不断放血的方式完成捕猎。

恐爪龙化石发现于1964年，由于它们的手
掌骨骼结构和原始的鸟类很像，当时的学者开
始重新审视大约100多年前赫胥黎等人提出的
鸟类起源于恐龙的观点，并首次提出恐龙可能
是温血动物的观点，这一事件被称为"恐龙研
究领域的文艺复兴"。

# 驰龙家族的"巨无霸"——犹他盗龙

大部分驰龙类恐龙都身体轻盈，适合快速追击猎物，但犹他盗龙不走寻常路。

犹他盗龙体长6米，体重600千克，是已知的驰龙类恐龙中体形最大的；生活在早白垩世的北美地区，因化石发现于美国犹他州而得名。

犹他盗龙身体强壮，长达75厘米的大脑袋长满了肌肉，可为锯齿状的牙齿提供15000牛顿的咬合力；后肢第二个脚趾上22厘米的爪子是另一个重要武器。犹他盗龙身躯宽大厚实，四肢粗壮有力，尾巴和身体比起来相对较短。

较大的体重不适合奔跑，较短的尾巴也没法在快速行进中维持身体的平衡。犹他盗龙主要采用伏击的方式进行捕猎，它们会事先躲在树林等有遮挡物的地方，在猎物靠近时突然蹿出来发动袭击。

和狮子一样，犹他盗龙以家庭为单位集体生活。从化石出土的情况看，它们的家庭成员在6个左右。

# 脖子上长刺的巴加达龙

植食恐龙中的蜥脚亚目恐龙在面对捕食恐龙时，最怕的就是颈部遭受攻击。为把这种攻击的伤害降到最低，它们中的一些成员长出了带刺的脖子，巴加达龙就是其中之一。

巴加达龙生活在距今1.4亿~1.32亿年前早白垩世南美洲的巴塔哥尼亚地区，名字来源于化石发现地巴加达科罗拉。巴加达龙体长在9米左右，和蜥脚类恐龙中脖子很长却抬不起头的梁龙有较近的亲缘关系，属于

liáng lóng chāo kē xià de chā lóng kē
梁龙超科下的叉龙科。

　　yóu yú tǐ xíng bǐ qīn qi liáng lóng xiǎo hěn duō bā jiā dá lóng
　　由于体形比亲戚梁龙小很多，巴加达龙

yě gèng róng yì shòu dào bǔ shí kǒng lóng de gōng jī yí dàn zāo dào
也更容易受到捕食恐龙的攻击。一旦遭到

gōng jī zuì xū yào bǎo hù de jiù shì cuì ruò de jǐng bù tā men
攻击，最需要保护的就是脆弱的颈部。它们

jiào wéi duǎn cū de bó zi bèi miàn shàng fāng nà xiē cháng cháng de
较为短粗的脖子背面（上方）那些长长的

xiàng qián wān qū de shén jīng jí cì yǐ jí jí cì wài bian bāo guǒ zhe
向前弯曲的神经棘刺，以及棘刺外边包裹着

de jiǎo zhì wài ké ràng bā jiā dá lóng yōng yǒu le gèng qiáng de fáng yù
的角质外壳让巴加达龙拥有了更强的防御

néng lì
能力。

115

# 最高的恐龙——波塞东龙

波塞东龙生活在早白垩世的北美地区，以海神波塞冬的名字命名，因此也叫"海神龙"。波塞东龙体长 30～40 米，体重为 50～60 吨，是大型蜥脚类恐龙。波塞东龙过去曾被分在腕龙科，最新的研究显示，它们牙齿的形态和腕龙不同，现已被归入多孔椎龙类。这是椎骨上有较多孔洞的恐龙类，孔洞有助于减轻骨头的重量，从而更方便行动。

既然曾经被归入腕龙科，波塞东龙自然也有和腕龙相似的地方。最明显的就是前肢比

116

后肢长，脖子能从地面抬起较大的角度。

从现有化石看，波塞东龙的颈椎约12节，脖子总长11～12米。虽然脖子的长度不是最长，但是加上6～8.5米的前肢，波塞东龙的头部距离地面至少有17米，很可能是最高的恐龙。

# 和 棘龙 一样拥有高大背帆的 高棘龙

shēng wù xué shàng yǒu gè cí jiào　　qū tóng yǎn huà　　　yì si
生 物 学 上 有 个 词 叫 "趋 同 演 化"，意 思

shì shuō yuán běn háo wú guān xì huò guān xì jiào yuǎn de liǎng gè wù zhǒng
是 说 原 本 毫 无 关 系 或 关 系 较 远 的 两 个 物 种

出于某些原因演化出了类似的身体形态，高棘龙就和名气更大的棘龙一样拥有由神经棘组成的高大背帆。

高棘龙在分类上属于鲨齿龙科，生活在距今1.15亿～1.05亿年前早白垩世的北美地区，体长约11.5米，体重约6.6吨。高棘龙口中长有68颗尖锐的、长度接近9厘米的锯齿状牙齿，是当时北美地区的顶级捕食者之一。腿骨的结构显示，它们的奔跑速度较慢，很可能以行动较慢的大型蜥脚类恐龙为食。

高棘龙的名字来源于它们从颈部一直延伸到尾巴根部的神经棘（总长度约是其脊椎长度的2.5倍），这一大片神经棘全部由结实的肌肉构成，最高的地方足有半米。

# 展现恐龙睡姿的寐龙

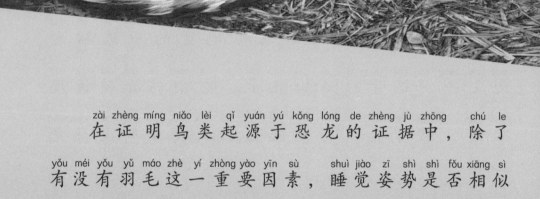

在证明鸟类起源于恐龙的证据中，除了有没有羽毛这一重要因素，睡觉姿势是否相似也是很重要的参考条件。

寐龙生活在早白垩世的中国辽宁省西部，是一种体长半米有余、体重1千克左右的小型兽脚类恐龙，来自以高智商著称的伤齿龙家族。

寐龙的饮食习惯奉行荤素搭配、以肉为主的原则，以小型哺乳动物为正餐，以蜥蜴和昆虫为辅食，有时也会弄点果子换换口味。寐龙较大的眼睛和鼻孔是找到猎物的先决条件，向内弯曲的尖锐牙齿则是捕食的终极武器。

"寐"字在汉语中是睡觉的意思，寐龙也就是睡觉的龙。起这个名字是因为发掘的化石刚好呈现了该物种睡觉的姿态。从化石所展现的情况看，寐龙把头深埋在前肢和胸膛之间，后肢收拢在身体下面，尾巴环绕着躯干，这样的姿势和现代鸟类的睡姿非常相似，也从另一方面证明了恐龙和鸟类的关系。

# 头冠不明显的窃螺龙

在早白垩世的蒙古地区生活着一种体长 1.5 ~ 2 米、体重 10 ~ 20 千克的小型兽脚类恐龙——窃螺龙。

窃螺龙的拉丁文学名含义为"螺类偷窃者"。起这个名字一方面是因为窃螺龙拥有像鸟类一样坚硬的角质喙，拥有咬开田螺、水螺等软体动物硬壳的能力，且地层环境显示它们生活在水边；另一方面则是因为它们的骨骼形态和更早被发现的窃蛋龙比较像，被归入后者所在的科（也就背上了偷窃之名）。

随着研究的深入，古生物学家对窃螺龙的了解也有了不少变化。比如，一开始的时候，窃

螺龙被认为是年幼的窃蛋龙，后来的研究发现窃

螺龙的头冠不像窃蛋龙那样明显，两者前肢的

结构也不一样。还有一点就是食性方面，现在的

观点认为除了软体动物，窃螺龙也吃植物。窃螺

龙的周边生活着很多大型恐龙，其中不乏食肉

的。为了安全，窃螺龙总是喜欢过集体生活。

nán měi bà zhǔ

# 南美霸主——南方巨兽龙

nán fāng jù shòu lóng

nán fāng jù shòu lóng

cóng　　shì jì mò dào　　shì jì de qián　nián　　bà wáng lóng shēn
从 20 世纪末到 21 世纪的前 10 年，霸王龙身

jū zuì qiáng dà bǔ shí kǒng lóng de dì wèi yí dù zāo dào zhì yí　bèi rèn
居最强大捕食恐龙的地位一度遭到质疑，被认

wéi bǐ bà wáng lóng dà de ròu shí kǒng lóng zhǔ yào yǒu liǎng zhǒng　jí lóng hé
为比霸王龙大的肉食恐龙主要有两种：棘龙和

南方巨兽龙。

南方巨兽龙的拉丁文学名含义为"南方大陆的巨大蜥蜴"。这个"南方"指的是化石发现地——南美洲的巴塔哥尼亚高原。南方巨兽龙生活在晚白垩世，体长约13米，体重7.2吨，高4.5米。南方巨兽龙拥有一颗长1.92米的大脑袋，巨大的嘴巴里面长满了长达20厘米、如匕首般锋利且边缘带锯齿的牙齿，是捕杀大型蜥脚类恐龙的利器。

身为南美地区最大的肉食恐龙，南方巨兽龙的捕猎策略和霸王龙并不相同，这是由其牙齿的特点决定的。南方巨兽龙的牙齿虽然很长，根部却不像霸王龙的那样粗大，无法像后者一样一口咬穿骨头。它们捕猎时会不断进行撕咬，通过放血的方式让猎物休克。

# 体形最大的恐龙——
# 阿根廷龙

如果搞个"最大恐龙"评选，阿根廷龙绝对是冠军的最有力争夺者。

阿根廷龙生活在晚白垩世的南美洲南部，因化石发现于阿根廷而得名，在生物分类中属于蜥脚类恐龙中的巨龙（也叫泰坦龙或泰坦巨龙）家族。

阿根廷龙也的确配得上"巨龙"的称号。

从现有化石看，即便是采用较为保守的估算方法，阿根廷龙的体长也至少有35米，体重将近80吨，这两个数据在整个恐龙家族中都是数一数二的。

如今的一些大型哺乳动物，比如鲸和大象，幼崽刚出生时就能有上百千克的体重，但刚顶破蛋壳的阿根廷龙只有1米长、几千克重，体重相当于父亲或母亲的万分之一。由于蜥脚类恐龙产蛋后就会离开，不会像一些兽脚类和鸟臀目恐龙那样孵蛋和育幼，这些缺乏父母保护的小家伙在蛋壳中以及刚出生时非常容易遭到捕食动物的攻击；好在它们长得快，用不了几年个头儿就很大了。

# 异特龙家族的——西雅茨龙

如果以家族为单位给恐龙的演化史划定王朝的话，以霸王龙为首的暴龙科无疑是北美地区的最后一个王朝，被它们取代的则是异特龙家族所建立的王朝。这个王朝的"末代君王"

就是西雅茨龙。

西雅茨龙生活在距今约9800万年前的晚白垩世，体长接近12米，高接近3米，体重4吨左右。由于所发现化石标本的神经弓和背椎骨中心没完全骨化，研究者推测其可能是西雅茨龙未成年个体，预计成年后体长将接近13米。

西雅茨龙的化石发现于美国西北部犹他州，属名"西雅茨"取自当地印第安部落神话中的吃人怪物。以食人魔为名，足以说明西雅茨龙的强悍。它们身体粗壮，拥有可以撕咬大型猎物的巨大嘴巴和刀子般的牙齿；较长的前肢末端长有锋利的大爪子，可以牢牢刺入猎物身体。牙齿和爪子相互配合，再加上大体形带来的力量，西雅茨龙完全有能力杀死体长接近20米的大型蜥脚类恐龙。

# 恐龙时代的"鸵鸟"——巨盗龙

随着对恐龙研究的深入，鸟类是恐龙后裔这个观点已经被越来越多的人认同。很多小型恐龙不仅长有漂亮的羽毛，而且身体形态看上去也和鸟没什么区别。相对来说，这种现象在大型恐龙里较少，巨盗龙算一个。

巨盗龙生活在距今约9600万年前晚白垩世的中国内蒙古，因最早的化石发现于二连浩特，故模式种叫二连巨盗龙。

巨盗龙体长约8米，体重约1.4吨。从颌骨化石看，巨盗龙拥有前端带有角质喙的嘴巴，但口中没有牙齿，形状和窃蛋龙相似，在分类上属于兽脚类恐龙里的窃蛋龙下目。它们的复原形象也参考了窃蛋龙的样子，有点儿像大鸵鸟。

除了总体的形态，巨盗龙后肢占身体的比例

是所有兽脚类恐龙里最高的，这让它们可以像

鸵鸟一样快速奔跑。

# 阿根廷龙杀手——玫瑰马普龙

玫瑰马普龙生活在距今 9700 万～9400 万年前的晚白垩世，体长约 12.6 米，体重约 7 吨，来自蜥臀目兽脚亚目中的鲨齿龙家族，和南方巨兽龙、魁纣龙一起并称为"白垩世南美捕食恐龙三强"。

玫瑰马普龙的嘴巴能张得很大，牙齿虽然没有霸王龙那般粗大，但也是又长又锋利，咬合面上还带着锯齿，这样的牙齿非常适合穿刺和切割，一口下去足以要了中小型猎物的命，即便是对成年阿根廷龙，也能予以重创。

不过，想要杀死成年阿根廷龙，单个玫
瑰马普龙的力量还是太小了，它们只能采用
先分隔再包围的战术。具体方法是首先通过
骚扰和恐吓，让阿根廷龙的群体变得松散，
进而把其中某一头和大部队隔开，最后通过
不断撕咬完成捕食。

# 喜欢低头的鲨齿龙

晚白垩世的北非地区生活着一种大型兽脚类恐龙——鲨齿龙。

鲨齿龙体长约 12.5 米，体重超过 7 吨。从名字不难看出，它们拥有像鲨鱼一样的牙齿。鲨齿龙 长达 1.6 米的大脑袋充满肌肉，能暴发出极强的咬合力，嘴巴里长满了边缘带锯齿、粗大且锋利的三角形牙齿。如此强悍的身体"硬件"配置，让它们成为当时北非地区最强大的捕食恐龙。鲨齿龙在食物选择上和同区域的棘龙完全不同，它们有能力杀死大型蜥脚类恐龙。

鲨齿龙寻找猎物时总喜欢微微低着头，并不是因为它们喜欢低头看路，而是因为它们眼睛

de wèi zhì hěn tè bié　　　bù dé yǐ ér wéi zhī　　　shā chǐ lóng de kǒu bí bù
的位置很特别，不得已而为之。鲨齿龙的口鼻部

wèi hěn kuān　　qiě wèi zhì gāo yú yǎn kuàng　　yóu yú kǒu bí wèi yú yǎn jīng qián
位很宽，且位置高于眼眶。由于口鼻位于眼睛前

fāng　　shā chǐ lóng zài zǒu lù shí rú guǒ bú kè yì dī tóu　　jiù huì bèi zì
方，鲨齿龙在走路时如果不刻意低头，就会被自

jǐ de dà zuǐ dǎng zhù shì xiàn　　gēn jù cè suàn　　shā chǐ lóng huì yǐ dà yuē
己的大嘴挡住视线。根据测算，鲨齿龙会以大约

dù jiǎo xiàng xià qīng xié tóu bù
40度角向下倾斜头部。

没有爪子的猎手——奥卡龙

hěn duō ròu shí kǒng lóng dōu zhǎng yǒu duǎn xiǎo de qián zhī hé shǒu zhǎng
很多肉食恐龙都长有短小的前肢和手掌，

rú zhù míng de bà wáng lóng hé mǎ jūn lóng dàn rú guǒ bǐ qián zhī de qí
如著名的霸王龙和玛君龙。但如果比前肢的奇

pā chéng dù kǒng pà méi shuí néng hé ào kǎ lóng yì zhēng gāo xià
葩程度，恐怕没谁能和奥卡龙一争高下。

ào kǎ lóng shēng huó zài jù jīn wàn wàn nián qián de
奥卡龙生活在距今8500万～8000万年前的

南美洲，体长可达7米，体重约700千克，是中等体形的捕食恐龙，属于前肢比暴龙类的更短的阿贝力龙家族。

从出土的化石看，奥卡龙不仅前肢短得出奇，"手部"也非常奇特。奥卡龙每个前肢上拥有4个掌骨：其中第一和第四掌骨的末端居然没有指头；中间的第二和第三掌骨虽然有指头，指头末端却没有爪子。也就是说，奥卡龙的前肢上没有一个爪子。

虽然没有爪子，奥卡龙却依旧是当时阿根廷地区的强悍猎手，这主要是由于所在区域的植食恐龙大多数体形也不算大。当然，更多的时候，奥卡龙还是会把目标瞄准这些植食恐龙的幼崽或蛋。

# 会照顾宝宝的慈母龙

1978年夏天，两名古生物学家在美国蒙大拿州的龙蛋山发现了全新的恐龙胚胎化石，附近还有大小不等的恐龙骸骨。经过研究，他们确认这些胚胎和骨头都属于同一种恐龙，分别呈现了它们的幼年形态和成年形态。由此得出一个颠覆性的结论：这是一种会照顾幼龙的恐龙（在此之前人们普遍认为恐龙最多只会看护蛋而已），并把这种恐龙命名为慈母龙。

慈母龙生活在7600万年前，体长在9米左右，体重约3吨，是鸟臀目植食恐龙，来自外表（特别是嘴巴）酷似鸭子的鸭嘴龙家族。慈母龙头顶呈现明显的坡形，眼睛附近的冠比较尖。大量集中的化石表明，慈母龙很

kě néng jí qún shēng huó　　gòng tóng fǔ yù hòu dài　　dǐ yù bǔ shí kǒng lóng
可能集群生活，共同抚育后代，抵御捕食恐龙

de gōng jī
的攻击。

# 酷似"羊角恶魔"的恶魔角龙

角龙家族的大部分成员都有角，有的在眼眶上方，有的在鼻子附近，还有的在头盾之上。恶魔角龙就属于第三类。

恶魔角龙生活在距今约8000万年前的北美地区，体长超过5米，体重在2吨左右，身上最显著的特征莫过于长在头盾顶上的两个微微弯曲的长角。研究者觉得这两个角看上去很像西方传说里恶魔头上的羊角，因此给它们取名为恶魔角龙。

恶魔角龙头盾上这两个长角看起来非常威风，质地却非常脆弱，只能起到在异性同类面前炫耀的作用（或许也可以吓唬一下没经验的捕食者）。恶魔角龙真正用来格斗和防御的武器还是位于两只眼睛上方、长度在25厘米左右的角。

# 顶着女妖之名的蛇发女怪龙

蛇发女怪龙的名字，来源于古希腊神话中头发由毒蛇组成的女妖戈耳工三姐妹。神话中的三姐妹是令人害怕的女妖，两个姐姐更是拥有不死之身，顶着女妖之名的蛇发女怪龙同样是植食恐龙的噩梦。

蛇发女怪龙生活在晚白垩世的北美地区，平均体长8.5米，平均身高2.5米，体重为2.5～3吨，和著名的"恐龙霸主"霸王龙一样来自暴龙家族。

既然是霸王龙的亲戚，蛇发女怪龙的实力自然也不可小觑。除了较大的块头，它们巨大的嘴

巴里有 60 颗结实的尖牙。长而
有力的四肢和尾巴，更是让蛇发女怪龙拥有了极
快的行走速度和高速行进中良好的平衡能力，
被认为是最擅跑的大型肉食恐龙。

从化石数量上看，蛇发女怪龙是当时北美
地区最繁盛的肉食恐龙，相关研究显示其主要
捕食对象是鸭嘴龙类。

# 迷你霸王龙——矮暴龙

大象是如今地球上体形最大的陆生动物，但有一种婆罗洲侏儒象体形明显比其他的长鼻亲戚袖珍。这种情况在恐龙中同样存在，而且就出现在以霸王龙为代表的暴龙家族中。

暴龙家族的成员普遍是凶猛强悍的大块头，但在这个威猛的大家族中，有个名叫"矮暴龙"的小个子。

矮暴龙生活在恐龙时代末期的北美地区，体长5~7米，高2米，体重约2.5吨，虽然这组体形数据比很多恐龙都大得多，但由于和著名的霸王龙生活在同一区域，它们还是被冠上了"矮"的帽子。

因为个子小，又和霸王龙做"邻居"，矮暴龙一度被认为是没长大的霸王龙，直到更多化石出土，这个误会才被消除。矮暴龙虽然不够高大，但"胳膊"比例看上去比霸王龙更优异，在捕猎时可提供更多帮助。为弥补体形的劣势，矮暴龙通常集群生活，群策群力捕捉中小型恐龙，偶尔也会袭击三角龙这样的大型猎物。

拥有 "铁头功" 的肿头龙

肿头龙也叫厚头龙，生活在晚白垩世的北
美地区，体长 4.5～6 米，是两足行走的植食
恐龙，属于鸟臀目恐龙中的鸟脚类。名字来

源于头顶上方隆起的大鼓包，其拉丁文学名的意思是"脑袋肿起来的蜥蜴"。

肿头龙头顶上的鼓包厚度有25厘米，古生物学家最开始认为它们彼此间会用撞头的方式进行格斗。但随着深入研究，又发现肿头龙的头部拥有大量的软组织和毛细血管，恐怕无法承受高强度撞击，同类间并不会用头部对撞，而是会撞击对方身体的侧面。

不过，这个研究结果在2010年到2013年间再次改变，科研人员经过大量研究，确认至少有22%的肿头龙头骨上有生前撞击留下的伤痕。同时还发现它们头顶的骨骼中有特殊的"纤维板层骨"结构，可以快速修复因撞击而受伤的头部。因此，现在的观点认为，至少成年雄性肿头龙之间会进行"铁头功"比拼。

shēn pī kǎi jiǎ de jiǎ lóng
# 身披铠甲的甲龙

yǒu liǎng lèi kǒng lóng yīn wèi yōng yǒu lèi sì kǎi jiǎ yí yàng de pí fū
有两类恐龙因为拥有类似铠甲一样的皮肤

ér bèi guī rù zhuāng jiǎ yà mù     yí lèi shì jiàn lóng jiā zú     lìng yí lèi
而被归入装甲亚目，一类是剑龙家族，另一类

shì jiǎ lóng jiā zú
是甲龙家族。

jiǎ lóng jiā zú de     zú zhǎng     jiǎ lóng tǐ cháng     mǐ     tǐ zhòng
甲龙家族的"族长"甲龙体长 6 米，体重

jiē jìn     dūn     shēng huó zài wǎn bái è shì de běi měi dì qū     jiǎ lóng hé
接近 5 吨，生活在晚白垩世的北美地区。甲龙和

大名鼎鼎的霸王龙比邻而居，但很少见面，这是它们的生活环境造成的。甲龙喜欢待在多山的地方，霸王龙则主要在开阔的平原活动。

甲龙用来护体的铠甲并不是坚硬的骨骼，而是由众多大小形状不同的鳞片组合而成的、覆盖在皮肤表面的角质层，是皮肤硬化的产物。鳄鱼身上也有这样的角质鳞片。

除了遭啃咬时被动防御的铠甲，甲龙还有能主动攻击的武器——尾巴末端由7节愈合在一起的尾椎和肌腱共同组成的、看上去像锤头一样，被称为"尾锤"的骨棒。至于这个尾锤的杀伤力，古生物学家原本认为它可以打断霸王龙的腿骨，但随后的研究显示其内部的主要成分是血管丰富的海绵骨，很难经得起猛烈撞击，只能对付中小型捕食恐龙。

# "胳膊"比霸王龙还短的玛君龙

著名的霸王龙有着两条看上去和高大身躯极不匹配的短手臂，但这样的配置并非霸王龙乃至暴龙家族的专利，来自阿贝力龙家族的玛君龙才是将短手臂发挥到极致的代表。

玛君龙是一种岛屿恐龙，生活在距今7000万~6500万年前晚白垩世的非洲马达加斯加岛，体长6~7米，体重1~1.2吨，是马达加斯加岛上 体形最大的捕食恐龙。其最显著的特征要数两个超短的前肢了。根据化石推算，玛君龙的前肢长约20厘米，只有霸王龙前肢的三分之一长。

因为前肢太短，捕猎时根本无法派上用

场，玛君龙采用了一种比较另类的捕猎方式——

用厚实且表面带有很多凸起和一个小短角的头部

撞击猎物，撞倒猎物后再上嘴撕咬。因为有厚

实的头骨，玛君龙还曾被称为"玛君颅龙"（后

被废除）。

　　相比于陆地，岛屿上的食物资源有限，为了

维持身体所需，玛君龙有时会捕食弱小的同类，

它们也是目前唯一在化石上留下同类相食证据

的恐龙。

# 没有角的 原角龙

méi yǒu jiǎo de yuán jiǎo lóng

在恐龙化石中有一块非常著名，它呈
zài kǒng lóng huà shí zhōng yǒu yí kuài fēi cháng zhù míng tā chéng

现了一只伶盗龙和它所攻击的猎物在格斗时因
xiàn le yì zhī líng dào lóng hé tā suǒ gōng jī de liè wù zài gé dòu shí yīn

为突发的灾难双双死亡的情景，其中的猎
wèi tū fā de zāi nàn shuāng shuāng sǐ wáng de qíng jǐng qí zhōng de liè

物就是原角龙。
wù jiù shì yuán jiǎo lóng

原角龙生活在晚白垩世的中国和蒙古国，是当时蒙古国数量最多的恐龙。其体长约2.5米，体重约175千克。和很多角龙家族的成员一样，原角龙的头部后方也有一个由硬骨和肌肉组成、看上去像盾牌的结构，它是用来保护原角龙脆弱的颈部的。虽然名为"角龙"，但原角龙头上并没有角，之所以叫原角龙只是由于命名者觉得它们的骨骼形态、身体特征等方面和原始的角龙类恐龙很像。

虽然头上无角，但原角龙绝非任由捕食恐龙宰割的对象。肌肉发达的四肢让它们拥有每小时40千米的奔跑速度，像鸟一样的硬喙状嘴巴配合强大的咬合肌，足以咬断伶盗龙这样的小型捕食恐龙的前肢。

# 享受"王"的待遇——特暴龙

如今的蒙古国气候干旱，植被稀疏；但在恐龙时代那里到处是森林和湖泊，养育了众多动物，其中的王者就是特暴龙。

特暴龙生活在距今 7200 万 ~ 7000 万年前的晚白垩世。除蒙古国外，中国的内蒙古、东北地区、新疆、河南、山东、云南、广东等地区也有分布。从名字不难猜出，它们来自暴龙家族，是霸王龙的亲戚，但体形相对较小，约有 11 米长、4.5 ~ 6 吨重。

特暴龙不仅整体相对小，身体局部也小，头部比霸王龙窄，咬合力相对较弱，"胳膊"按照身体比例来说更短。虽然身体条件不如霸

王龙，但特暴龙同样享受着"王"的待遇，是当时蒙古地区体形最大的捕食恐龙。

因为化石过于分散，特暴龙曾被划分成多个种，但随后的研究显示，它们都和最早发现于蒙古国的种群是一回事，因此现在特暴龙属内只有一个种——勇士特暴龙，也叫勇猛特暴龙。

从亲缘关系上说，特暴龙和中国山东的诸城暴龙最密切。

# 头部有"扩音器"的副栉龙

副栉龙生活在距今约 7600 万年前的北美地区，体长可达 10 米，体重约 2.5 吨，是大型鸟脚类恐龙。副栉龙来自鸭嘴龙家族，身上的标志性特征是从口鼻部位一直延伸到脑后，看上去像管子的头冠。头冠长达 1.6 米，通过气道和鼻腔相连。当副栉龙预感到危险，需要大声提醒同伴注意时，它们的叫声在穿过头冠内部的空腔时，会和里面的空气产生共振，从而变得更响亮。也就是说，头冠的作用相当于扩音器。

随着警报响起，副栉龙就会集体逃命，此时原本四足着地的它们为加快速度会改成用

156

jī ròu fā dá de hòu zhī bēn pǎo　　cháng cháng de wěi ba zhèng hǎo qǐ dào
肌肉发达的后肢奔跑，长长的尾巴正好起到

wéi chí shēn tǐ píng héng de zuò yòng
维持身体平衡的作用。

tōu dàn zéi de èr zhǐ qīn qi　　　　sān tóu yīng lóng
# "偷蛋贼" 的二指亲戚——三头鹰龙

sān tóu yīng lóng shēng huó zài jù jīn yuē　　wàn nián qián wǎn bái è
三头鹰龙生活在距今约7000万年前晚白垩

shì de měng gǔ guó　yuē yǒu　mǐ cháng　mǐ gāo　tóu dǐng shàng zhǎng
世的蒙古国，约有2米长、1米高，头顶上长有冠饰，身上披着羽毛，看上去就像一只大号火鸡。三头鹰龙和著名的"偷蛋贼"窃蛋龙同属一科，名字来源于3块在一起的头骨化石，让研究人员想到了阿尔泰神话中的三头鹰。

和大多数窃蛋龙拥有3根"手指"不同，三头鹰龙的前肢末端只能看到两个指头，第三指则退化得只剩下一点点痕迹，这是由于生活习性改变而造成的。不同三头鹰龙个体的化石挨在一起，让古生物学家推测它们很可能群居生活，并且有着类似鸟类那样一起休息的习惯，因为这样不仅能相互取暖，还可以随时预警。

在窃蛋龙家族中，三头鹰龙和来自中国的河源龙亲缘关系最近。古生物学家由此推测，它们的祖先可能来自中国南方。

# "盾牌"上镶"裙边"的美杜莎角龙

角龙类恐龙的头颈部之间都长有厚厚的"盾牌"，这些盾牌的大小和样式各不相同，其中，美杜莎角龙的盾牌周边还镶嵌有类似裙边的结构。

美杜莎角龙生活在晚白垩世的北美大陆，时间比著名的三角龙早好几百万年，在距今7500万年前。美杜莎角龙体长约6米，体重约2.5吨，属于大型角龙。美杜莎角龙的角比三角龙少一个，只在额头两侧各长一个，鼻骨上则长有一个很短的、由角质层包裹的骨质凸起。

美杜莎角龙和其他角龙最大的区别在颈盾

上，它们颈盾的两侧一共有7对类似裙子边缘褶皱形状的凸起。这些"裙边"其实是头顶骨骼延长后再向下弯曲造成的。因为这样的结构，美杜莎角龙颈盾边缘看起来呈条状，很像一条条弯曲的蛇。命名者也根据这个特点想到了神话中头发像蛇的美杜莎，从而起了这个极富神话色彩的名字。

# zhǐ néng kàn dào yí ge 指头的单爪龙
只能看到一个**指头的单爪龙**

dān zhǎo lóng shì yì zhǒng xiǎo xíng de xī tún mù shòu jiǎo yà mù kǒng
单爪龙是一种小型的蜥臀目兽脚亚目恐

lóng tǐ cháng yuē mǐ shēng huó zài jù jīn yuē wàn nián qián wǎn
龙，体长约1米，生活在距今约7200万年前晚

bái è shì de měng gǔ guó cóng huà shí kàn dān zhǎo lóng de shēn tǐ biǎo
白垩世的蒙古国。从化石看，单爪龙的身体表

miàn kě néng fù gài zhe yǔ máo hé bà wáng lóng yí yàng dān zhǎo lóng yōng
面可能覆盖着羽毛。和霸王龙一样，单爪龙拥

有一对相对身体而言较短的前肢。

单爪龙的拉丁文学名含义为"拥有单个爪子的蜥蜴"。其实，它们每个前肢的末端都有3个指头，只不过其中两个都严重退化了，以至于最早命名的研究者没有注意到。

单爪龙前肢上只有一个发育正常的指头，被认为是恐龙向鸟类演化的适应性变化。其他和鸟类相同的地方还包括融合在一起的腕骨结构以及龙骨突。

单爪龙牙齿细小，古生物学家推测，它们很可能以昆虫或小型动物为食。

# 真正只有一个指头的临河爪龙

前面提到的单爪龙只是看上去只有一个指头，而同属阿瓦拉慈龙科的临河爪龙，却真的只有一个指头。

临河爪龙是来自中国内蒙古的小型捕食恐龙，生活在距今8400万~7200万年前的晚白垩世。临河爪龙虽然有大约1米的身高，但体重很轻，和鹦鹉差不多，因化石发现于内蒙古临河地区而得名。

临河爪龙是罕见的只有一个爪子的恐龙。它们的两个前肢末端分别有一个正常发育的指头，指头上有弯曲的钩状爪子。考虑到临河爪龙较小的体形和牙齿，古生物学家认为它们

164

很难猎食那些植食恐龙，很可能以昆虫为食，
在进食前会像食蚁兽或穿山甲那样挖掘洞穴。

从总体的演化程度看，临河爪龙在阿瓦拉慈龙科中只能算比较原始的种类，至于它的指头为何比同科的其他恐龙退化得严重，甚至连残留的痕迹都没有，学术界还没有定论。

# 曾被复原成独角兽的青岛龙

随着化石的不断发掘和研究的深入，很多恐龙的复原形象都发生着变化，青岛龙就是其一。

青岛龙体长6~8米，体重接近2吨，生活在距今约7000万年前晚白垩世的山东半岛。化石于20世纪50年代发现于我国山东省莱阳地区，名字则取自化石的研究和修复地——青岛。

凭借像鸭子一样扁平的嘴巴，青岛龙自然归属于鸟臀目鸭嘴龙科，但头顶上奇特的凸起物又让它们和其他的鸭嘴龙科恐龙不太一样，因此自成青岛龙属，目前属内只有模式种一种，即棘鼻青岛龙。

关于青岛龙头顶凸起的样子，传统观点认为是跟独角兽的角一样细长，这种认知直到2020年才发生改变。古生物学家通过相关技术发现，青岛龙头顶上的凸起是扁平状的。

# 名字霸气的素食者——龙王龙

míng zi bà qì de sù shí zhě　　lóng wáng lóng

由于生物命名规则并没有要求生物名称
yóu yú shēng wù mìng míng guī zé bìng méi yǒu yāo qiú shēng wù míng chēng

一定要符合其特征，因此就出现了龙王龙这种
yí dìng yào fú hé qí tè zhēng　　yīn cǐ jiù chū xiàn le lóng wáng lóng zhè zhǒng

名不副实的情况。
míng bù fù shí de qíng kuàng

龙王龙生活在晚白垩世的北美地区，体长
lóng wáng lóng shēng huó zài wǎn bái è shì de běi měi dì qū　　tǐ cháng

3～4米，体重500千克，是小型的植食恐龙。体形小，又没有锋利的爪子和牙齿，龙王龙为何能顶着"龙王"之名呢？问题的答案在它们的头顶上。

龙王龙的头顶上长有很多骨质凸起和像刺一样的尖角，这样的形象和欧洲文化中的龙很像，研究者就根据这一点将其命名为"龙王龙"。

虽然身体条件难副龙王之名，但龙王龙也不是随便什么肉食恐龙都能欺负的。在遇到体形相近的对手时，它们会以每小时60千米的速度猛冲过去，用锋利的角顶撞对方。至于像霸王龙那样的大型捕食恐龙，龙王龙也不需要太担心，因为身为小型恐龙的它们通常在密林中活动，霸王龙则生活在开阔区域，两者碰面的机会极少。

169

pī kǎi jiǎ de xī jiǎo lèi kǒng lóng
# 披铠甲的蜥脚类恐龙——
sà ěr tǎ lóng
# 萨尔塔龙

bù tóng zhǒng lèi de zhí shí kǒng lóng gè yǒu dǐ yù tiān dí de bàn
不同种类的植食恐龙各有抵御天敌的办

fǎ tōng cháng lái shuō dà xíng xī jiǎo lèi zhǔ yào kào tǐ xíng ér xiàng
法，通常来说，大型蜥脚类主要靠体形，而像

jiǎ lóng zhè yàng de zhōng xíng kǒng lóng zé kào tǐ biǎo yìng huà de pí fū dàn
甲龙这样的中型恐龙则靠体表硬化的皮肤。但

是在20世纪80年代，古生物学家在阿根廷找到了一种不同寻常的蜥脚类恐龙——萨尔塔龙。

萨尔塔龙也叫索他龙，生活在晚白垩世的巴塔哥尼亚地区，来自以盛产高又壮恐龙而出名的泰坦巨龙家族。虽然是巨龙家族的成员，但萨尔塔龙的体形在蜥脚类恐龙中远远谈不上威猛，只有12米长。想靠块头唬住捕食恐龙是不可能的，萨尔塔龙还有另一个绝招——铠甲一样的皮肤。

萨尔塔龙从后颈到尾部以及躯干两侧的上半部分覆盖着一层角质化的皮肤，如同乌龟的硬壳，上面还有很多像疙瘩一样，被称为骨板或骨钉的凸起。这样的防护措施足以让中小型的捕食恐龙知难而退；即便是面对大型捕食恐龙，也能最大限度降低伤害。

171

# 白垩纪的"牛魔王"——食肉牛龙

食肉牛龙的拉丁文学名含义为"吃肉的像牛一样的蜥蜴",因头顶左右两侧各长有一只短小的角,看上去和牛有几分相似而得名。

食肉牛龙生活在晚白垩世的南美洲南部,和著名的霸王龙一样,它们也是小行星撞击地球的见证者。食肉牛龙体长9米,只有1.5吨重,脖子、后肢、尾巴很长,只有60厘米的小脑袋上长有一对短角,可用来顶撞猎物和对手或在求偶期向异性展示。

脑袋小,牙齿就小,食肉牛龙的口中长有两排细长且弯曲、边缘又不带锯齿的小牙;爪

子的威力也因为长度太短而大打折扣。但食肉

牛龙依旧是植食恐龙的噩梦，这主要得益于它们

的奔跑和撕咬速度。食肉牛龙拥有每小时56千

米的奔跑速度，完全可以追上行动迟缓的蜥脚

类恐龙；而极快的咬合速度，又使得它们可以在

猎物逃脱前多次撕咬，从而让后者因失血过多而

死亡。

# 头盾上全是角的戟龙

前面提到的恶魔角龙头盾上有两个角，

而同属角龙家族的戟龙则有 4～6 个角，甚至 8

个角。

戟龙也叫刺盾角龙，生活在距今7650万～7500万年前的北美地区，是角龙科尖角龙亚科的成员。

它们体长约5米，体重约6吨；除了头盾，它们的鼻子上还有一个长度约半米的鼻角，看上去有些像犀牛。

戟龙头盾上的角长短不一，长的在60厘米左右，短的只有几厘米，总体上说是在头顶正中的最长，越往两侧的越短。这些头盾上的角可以让戟龙看起来更加庞大，从而起到恐吓捕食者以及在求偶期吸引伴侣的作用。

# 有着锋利巨爪的素食者——镰刀龙

镰刀龙生活在大约7000万年前晚白垩世的蒙古国，体长在10米左右，体重3～6吨，名字来源于前肢末端的巨大爪子。镰刀龙的前肢上长有3个指头，每个指头的末端都有一个大而弯曲、形状像镰刀的爪子，其中最大的爪子长度超过1米，可用来对付当时蒙古地区最强大的捕食者——特暴龙。

和大熊猫的祖先吃肉但现代大熊猫几乎只吃竹子一样，镰刀龙的祖先也是吃肉的，后来为适应环境变化才改吃素。它们的牙齿并不适合磨碎植物，只能简单地咀嚼一番就吞下去。为消

huà xī shōu zhè xiē cū cāo de zhí wù xiān wéi　lián dāo lóng de cháng wèi hěn
化吸收这些粗糙的植物纤维，镰刀龙的肠胃很

dà　yōng yǒu fù zá ér páng dà de xiāo huà xì tǒng　zhè shǐ de tā men
大，拥有复杂而庞大的消化系统，这使得它们

de dù zi kàn shàng qù yě hěn dà　zǒu lù shí zǒng shì tǐng zhe gè dà dù
的肚子看上去也很大，走路时总是挺着个大肚

nǎn　màn yōu yōu de
腩，慢悠悠的。

# 不能"平反"的窃蛋龙

受生物命名严谨性的限制，一些恐龙的名字明明与实际情况不符却无法更改，有的还要背着"污名"，甚至连累自己的家族，窃蛋龙就是这样的"倒霉蛋"。

窃蛋龙生活在7200万～6600万年前晚白垩世的蒙古地区，体长约2米，是小型的兽脚类恐龙；头上长冠，身上披着羽毛，拥有喙状嘴巴，以浆果和枝叶为食。它们之所以背负"偷蛋贼"的骂名，完全是人类想当然的结果。

窃蛋龙化石最早发现于1922年，是一个碎裂的头骨，下面还有一窝蛋。受当时的条件限制，研究者无法确认这些蛋的主人，只能根据附近发现过原角龙化石的情况，简单推测这是原角龙的蛋，窃蛋龙在偷蛋时被踩碎了脑袋。直到1993年，古生物学家经过系统研究，才发现当时被当成原角龙蛋的化石实际上属于窃蛋龙。另一项研究则显示，窃蛋龙嘴巴前边的喙不够坚硬，很难嗑开原角龙的蛋。

虽然偷蛋的罪名得以洗刷，但由于命名法规则的限制，窃蛋龙这个名号无法更改，其所在的科也一直被称为"窃蛋龙科"。

像鸟却和鸟不亲的**似鸵龙**

suí zhe jī yīn yán jiū de shēn rù　　　rén men fā xiàn yuè lái yuè duō de
随着基因研究的深入，人们发现越来越多的

shòu jiǎo lèi kǒng lóng hé niǎo lèi yǒu qīn yuán guān xì　　tā men bèi tǒng yī guī
兽脚类恐龙和鸟类有亲缘关系，它们被统一归

rù shǒu dào lóng lèi　　rán ér　　zuì zǎo bèi rèn wéi zhǎng de xiàng niǎo de yì
入手盗龙类。然而，最早被认为长得像鸟的一

群恐龙，和鸟类的关系反倒不那么亲密，似鸵龙就是这群恐龙中的一员。

似鸵龙的拉丁文学名含义为"像鸵鸟的蜥蜴"，生活在7500万年前晚白垩世的加拿大，在生物分类中属于兽脚亚目似鸟龙科。

似鸵龙体长大约4米，口中没有牙齿，主食是各种植物。和所在科的"科长"——似鸟龙相比，似鸵龙拥有更长的前肢和更强壮灵活的爪子，进食的时候可以把枝叶拉到嘴边。

似鸵龙喜欢在开阔地区及河岸附近活动，这些区域视野开阔，有利于及时发现天敌。似鸵龙拥有两条长而有力的后肢，能快速带动瘦长轻盈的身体。根据测算，似鸵龙奔跑的速度为每小时50～80千米，是跑得最快的几种恐龙之一。

hé liè wù mái zài yì qǐ de líng dào lóng
# 和猎物埋在一起的伶盗龙

diàn yǐng zhōng de líng dào lóng bèi sù zào chéng le kǒng zhǎo lóng de xíng
电影中的伶盗龙被塑造成了恐爪龙的形

xiàng xiàn shí zhōng de líng dào lóng suī rán méi nà me wēi měng dàn yī jiù
象，现实中的伶盗龙虽然没那么威猛，但依旧是强悍的猎手。

伶盗龙生活在距今7500万～7100万年前晚

白垩世的蒙古地区，和恐爪龙一样属于驰龙

科，身上也同样披着羽毛，但体形要小得多，

体长约1.8米，体重约15千克。

伶盗龙是肉食恐龙，主要猎物是体形比它们

大很多的原角龙。之所以敢惹大家伙，伶盗龙倚

仗的是后肢上锋利的爪子。它们后肢第二个脚

趾末端的爪子长达7厘米，非常锋利，足以划

破原角龙的喉咙。著名的恐龙化石"搏斗中的

恐龙"中，伶盗龙和原角龙搏斗时双双被掩

埋，伶盗龙的大爪子就位于对方的脖颈儿处。

这块化石所定格的画面，说明伶盗龙懂得攻击

猎物的致命部位，用最短的时间解决战斗，是

十分聪明的恐龙。

# 爱吃鱼的南方盗龙
ài chī yú de nán fāng dào lóng

南方盗龙生活在大约 7000 万年前晚白垩
nán fāng dào lóng shēng huó zài dà yuē wàn nián qián wǎn bái è

世的南美洲。南方盗龙体长 5 ~ 6.2 米，体重
shì de nán měi zhōu nán fāng dào lóng tǐ cháng mǐ tǐ zhòng

约 340 千克，这个体形在普遍走小型化和速度
yuē qiān kè zhè ge tǐ xíng zài pǔ biàn zǒu xiǎo xíng huà hé sù dù

化演化路线的驰龙家族里名列前茅。但和另外
huà yǎn huà lù xiàn de chí lóng jiā zú lǐ míng liè qián máo dàn hé lìng wài

几种大型驰龙类相比，南方盗龙的硬实力要逊色不少。虽然它们的头部有80厘米长，但它们大部分都是细长的嘴巴，形态也比较扁平，总体的咬合力较弱。嘴巴里的圆锥形牙齿也比较小，且边缘没有用来切割的锯齿。

不光牙齿和咬合力不行，南方盗龙的前肢，以及后肢第二脚趾上钩子一样的爪子，按身体比例来说也是驰龙家族中最短的。基于这些特征，古生物学家认为南方盗龙不具备捕食大型恐龙的能力，很可能是个靠捕鱼为生的"渔夫"。

# 恐龙中的"长臂猿"——恐手龙

恐手龙生活在距今 7500 万 ~ 7200 万年前晚白垩世的蒙古地区,体长 11 ~ 12 米,体重在 9 吨左右,是蜥臀目兽脚亚目似鸟龙类家族的成员,名字来源于超长的前肢。恐手龙的前肢有 2.4 米,末端还有 25 厘米长的锋利爪子。

虽然前肢和爪子很给力,但恐手龙的脑袋比较细长,嘴巴是类似鸭嘴的扁平嘴,且里面没有牙齿。这样的"装备"显然不适合捕食大型植食恐龙。同位素含量显示,恐手龙主要以水生或沉水植物为食,有时也抓鱼"打打牙祭"。长度夸张的前肢和巨大的爪子,主要是为了防御当时蒙古地区最大的捕食恐龙——特暴龙。

恐手龙的后背上 长有风帆一样的凸起，对于这个凸起的作用学术界还没有达成共识，有人认为是吸引异性，有人认为是散热，还有人认为是储存脂肪。由于被归入似鸟龙类，古生物学家推测恐手龙有可能长有羽毛，这一点如果被证实，它们将取代华丽羽王龙成为最大的有羽毛的恐龙。

# 肩胛骨最大的恐龙——
## 无畏巨龙

不论是人类活动胳膊，还是四足动物活动前肢，都不可避免地会用到肩胛骨。巨大而结实的肩胛骨可以附着更多的肌肉，让前肢的活动更加有力。无畏巨龙就拥有这样的肩胛骨。

无畏巨龙生活在晚白垩世的南美地区，比同为巨龙类的阿根廷龙晚出现大约2000万年，体形也比后者小一些，大约26米长、40吨重。

虽然体形不是最大的，但无畏巨龙的肩胛骨是已知恐龙中最大的，这使得它们的前肢非常有力，完全可以在同类间格斗时抱住对方。

和很多大型蜥脚类恐龙一样，无畏巨龙拥有又粗又长的脖子，但脖子的总重量不是很大。这是因为它们脖子上的骨头里有很多空腔，这些空腔里有很多可伸缩的气囊，里面充满了空气。有研究者认为，这些气囊和颈部的皮肤相连，在求偶期，雄性无畏巨龙会鼓起这些气囊，从而让颈部出现很多鸡蛋一样的凸起，凸起越大越能吸引雌性。

# 跑不快的似金翅鸟龙

小型恐龙大多跑得很快，但凡事总有例外，似金翅鸟龙就是比较特殊的一种。

似金翅鸟龙生活在晚白垩世的蒙古地区，体长约3米，高约1.8米，体重40千克左右，是小型的兽脚类恐龙。名字中的"金翅鸟"取自印度神话中的神鸟"迦楼罗"在中国文化中的称谓。

既然有"似""鸟"二字，似金翅鸟龙自然是似鸟龙类的恐龙，也是家族中比较古老的成员，身上有许多原始的特征。比如，它们后肢上有4个脚趾，比后期的似鸟龙多一个；它们的骨盆和腿骨都比较短，较短的四肢让它们在奔

pǎo sù dù shàng yuǎn bù rú jiā zú lǐ de qí tā qīn qi
跑 速 度 上 远 不 如 家 族 里 的 其 他 亲 戚 。

sì jīn chì niǎo lóng kǒu zhōng méi yǒu yá chǐ jìn shí suǒ yòng de zhǔ
　似 金 翅 鸟 龙 口 中 没 有 牙 齿 ， 进 食 所 用 的 主

yào shì lèi sì niǎo huì yí yàng jiān yìng de zuǐ ba fán shì néng rù kǒu de
要 是 类 似 鸟 喙 一 样 坚 硬 的 嘴 巴 。 凡 是 能 入 口 的

dōng xi bù guǎn shì zhí wù ròu lèi hái shi dàn lèi tā men dōu huì
东 西 ， 不 管 是 植 物 、 肉 类 还 是 蛋 类 ， 它 们 都 会

xiǎng bàn fǎ pǐn cháng yí xià
想 办 法 品 尝 一 下 。

拥有“头发帘”的华丽角龙

yōngyǒu  tóu fa lián  de  huá lì jiǎo lóng

如果在众多的角龙中搞个“最奇特造

rú guǒ zài zhòng duō de jiǎo lóng zhōng gǎo gè  zuì qí tè zào

型”评选，华丽角龙肯定是冠军的有力竞

xíng  píng xuǎn  huá lì jiǎo lóng kěn dìng shì guàn jūn de yǒu lì jìng

争者。

华丽角龙也叫科斯莫角龙，生活在距今8000万～6500万年前的北美地区，体长约2.5米，体重约2.5吨，跟著名的三角龙是近亲。

华丽角龙的名字缘于它们头盾上的角。和大多数角龙头盾上的角向上生长不同，华丽角龙的角向前弯曲下来并遮挡住头盾的最前端，看上去就像一排头发帘。除此之外，华丽角龙也是目前已知角数量最多的恐龙，头盾上大约有15个，两个眼眶和鼻骨上分别有1个。其中眼眶上的两只角较长且向外弯曲，是用来格斗和自卫的武器。

# 最大肉食恐龙——霸王龙

我们常说霸王龙是恐龙世界的霸主，但严格来说，这个霸主的在位时间只有中生代的最后200万年。

霸王龙是北美大陆特有的兽脚类恐龙，生活在白垩纪最后一个时期——马斯特里赫特期，也是体形最大的捕食恐龙，成年后平均体长可达 12 米，体重约 7.6 吨，高度在 4 米左右。

霸王龙的两眼位于头部斜前方，能产生一定的目光重合角度，形成双目视觉，即便在黑夜中也能发现猎物。它们口鼻部位的三叉神经能感觉到周边的变化，嗅觉和听觉同样敏锐；巨大的嘴巴里长满了异常粗大、长度约 15 厘米、形状像香蕉的牙齿。这些牙齿在充满肌肉的颌骨的带动下能产生近 4 吨的咬力，足以咬碎大型植食恐龙的骨头。即便是看上去细弱的前肢也比人类的胳膊粗壮很多，末端的爪子足以在捕猎时起到辅助作用。

霸王龙大约 1000 毫升的脑容量让它们比大多数恐龙都聪明，在面对如阿拉摩龙这样体重超过 30 吨的巨兽时，它们还会集体围猎，靠数量弥补体形的差距。

绰号"地狱鸡"的安祖龙

除中国外，北美地区也曾发现过长有羽毛的恐龙，这就是安祖龙。

安祖龙生活在距今约6600万年前的恐龙时代末期，体长3米以上，体重约300千克。安祖龙头顶上长有类似鸡冠子的冠饰，如猛禽般的钩状嘴，以及两个前肢末端的6个锋利爪子，让它们成为恐怖的捕食恐龙。再加上化石出土于地狱溪组（晚白垩世美国蒙大拿州的岩层，距今7200万~6600万年，霸王龙和三角龙都出自这个组），古生物学家给安祖龙起了个绰号"地狱鸡"，其拉丁文属名"安祖"也是取自苏美尔神话中长有羽毛的恶魔。

安祖龙的后肢较长，肌肉发达，可以快速奔跑，长长的尾巴则可以在高速行进中保持身体平衡，这样的身体特征有助于它们追逐猎物和逃避天敌。同位素研究显示，除肉食外，安祖龙也吃植物和蛋类。

# 野牛和犀牛的结合体——三角龙

角龙家族里最有名的成员，莫过于在各种科普纪录片及影视作品中频繁和霸王龙展开对决的三角龙。

三角龙生活在晚白垩世的北美地区，体长约7米，平均体重6吨，极限个体可达11吨，因头面部的三只角而得名。三角龙鼻骨附近的角较短，眼眶上方的两只角较长，大约有1米，是用来格斗的主要武器。三角龙头部后面巨大的骨质盾牌可以用来保护脖颈儿，臀部上的硬毛也能起到一定的防护作用。

拥有三只角，身材粗壮，三角龙看起来就像野牛和犀牛的结合体，因此人们普遍认为它们在遇

到危险时会用角顶撞对方。但也有人提出不同
观点，认为三角龙的角在高速撞击时容易折断，并
不会被轻易使用，主要起视觉威慑的作用。这样的
争论，直到近几年相继在三角龙头骨化石及霸王
龙腿骨化石上发现被顶伤的痕迹才暂时停止。

　　虽然有了三角龙反击并弄伤霸王龙的证
据，但影视作品中所展现的三角龙反杀霸王龙
的情况依旧不大可能出现。更多化石证据显
示，三角龙是霸王龙最主要的猎物。

# 暴龙家族的大长脸——虔州龙

虔州龙生活在晚白垩世的中国江西省，因化石发现于虔州而得名；体长6～7.5米，体重750～1200千克，是中等体形的兽脚类恐龙。

基因研究显示，虔州龙属于暴龙家族，但它们头脸部的特征和亲戚们一点都不像，口鼻部又细又长，嘴巴的宽度只有20厘米左右，整体看起来像长了一张瘦长脸，就连嘴巴里的牙齿都是细长形的。

虔州龙长得如此"标新立异"，跟它们所处环境中的猎物有关。不同于其他暴龙要对付诸如蜥脚类、角龙类、鸭嘴龙类这些大家伙，虔州龙所捕对象主要为善于奔跑的中小型恐龙。

这些猎物的体形小，身体的硬度相对较小，不需要太强的咬合力就能对付。即使这些小家伙跑得很快，但好在身为猎手的虐州龙头部细长，减轻了身体的重量，有助于提升奔跑速度。虐州龙的后肢长度接近1.5米，且长满了肌肉，能以极快的速度大步飞奔。